KB058230

# 내가 자라는 소리를
# 들어보세요

# 내가 자라는 소리를

소피 마리노풀로스 지음 | 박효은 옮김

# 들어보세요

처음 임신하고 태어난 아기를 키우는 1년간, 엄마 아빠의 마음은 흥분이 넘치며 온갖 기분에 사로잡힙니다. 귀엽고 사랑스러운 아기를 바라보며 무척이나 행복해하다가도, 때로는 막연한 불안감과 두려움에 휩쓸리기도 하지요. "내가 아기를 제대로 사랑하고 돌보고 있는 것인가?"를 스스로에게 물으며, 자책감을 느끼기도 하고요. 소피 마리노풀로스는 이 책에서 이러한 부모의 마음에 공감하고 위로하며 자신감을 심어줍니다.

사랑하는 누군가에게 정말로 필요한 것을 해주기 위해서는 상대방을 진정으로 이해해야 합니다. 소피 마리노풀로스는 그녀 자신이 아기가 되어 태아의 수정에서 탄생, 돌이 되기까지의 성장을 가장 가까이에서 들려줍니다. 아기가 엄마 아빠를 어떻게 느끼고, 무엇을 원하는지 이야기하면서 부모가 반드시 알아야 할 지혜와 정보를 전하지요. 아기의 작은 목소리로 이야기하지만 부모가 생각해보면 좋을 철학적인 질문을 던지고 있습니다.

태아와 영아의 생활을 더욱 잘 이해할 수 있도록 도와주는 애정이 가득 담긴 이 책을 아기를 양육하는 모든 부모에게 권합니다. 하루에 한 챕터를 읽더라도 내 아이를 가슴에 담고 머리로 상상하면서 아이와 연결하는 연습을 해보시길 바랍니다. 모든 아이는 서로 다르게 태어나기 때문이지요. 활발하고 적극적인 아이도 있고 까다롭고 예민한 아이도 있고 답답할 정도로 반응이 없고 신중한 아이도 있으니까요. 내 아이만의 독특한 개성을 고려하면서 부모로서 마음의 중심을 잡아가시길 바랍니다.

그리고 나중에 아이가 컸을 때, 아이와 이 책을 다시 읽어보기를 권합니다. 함께 읽고, 이야기를 나누다 보면 아이도 부모의 마음을 이해하는 데 도움이 될 것입니다. 그리고 엄마의 배 속에서 온몸으로 느꼈던 작지만 강한 기억들이 아름답게 되살아날 것입니다.

정윤경 가톨릭대학교 심리학과 교수

아동심리 · 발달심리 전문가

# intro

안녕하세요.

저는 엄마의 배 속에서

조금씩 자라고 있는

태아예요.

지금부터

태어나서 12개월이 될 때까지

제가 어떻게 자라고

무엇을 느끼는지,

또 엄마 아빠와

어떤 교감을 하고 있는지

이야기할 거예요.

제 이야기를

한번

들어보실래요?

# Contents

# 첫번째 이야기

제가
자라는
소리를
들어
보세요

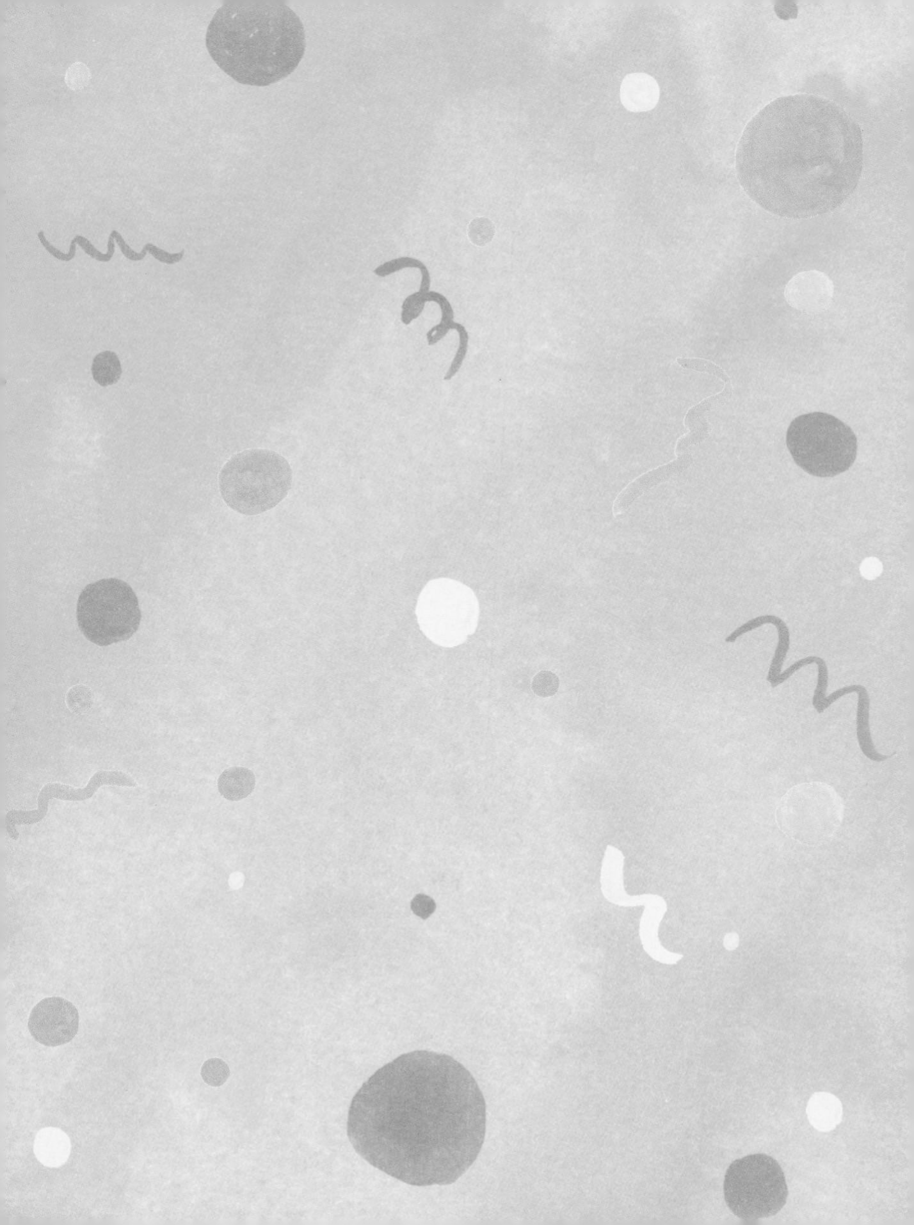

저는 저라는
작은 존재에 대해서
말하고 싶어요

## 저는 지금 자라고 있어요



모든 일은 임신 3개월 차 초음파 검진을 하면서 시작되었어요. 엄마 아빠가 원해서였죠. 특히 임신했다는 것을 마음속으로는 '알고 있는' 엄마가요.

엄마는 알고 있으면서도 의심하고 있었거든요. 그런 일은 임신 중에 자주 일어나는 것 같아요. 그걸 양가감정이라고 하던데, 제가 이해하기에는 극과 극을 오가는 감정이 아닐까 싶어요.

엄마는 확신하고 싶어 했어요. 제가 존재한다는 확신이요. 엄마는 같은 경험을 한 다른 이모들에게 그 감정을 이야기했어요. 이모들은 우리 아기들 이야기보다 자신들의 이야기를 더 많이 했어요.

제 친구들은 그걸 어떻게 받아들였는지 모르겠지만 저는 그 이야기가 방해되지는 않았어요. 저는 아주 차분한 태아이고, 초반에는 저도 할 일이 아주 많거든요. 엄마 아빠의 기대에 들어맞는 모습을 보여주려면요. 저는 지금 제 옆모습을 공들여 준비하고 있어요.

아빠도 초음파 검진을 원했어요. 저라는 존재를 보고 느끼고 싶었기 때문이죠. 엄마 아빠는 저를 보고 감동하여 눈물을 흘렸어요. 아니, 엄마는 눈물을 흘렸고 아빠는 가만히 미소를 지었어요. 엄마 아빠는 아무 말도 하지 않았는데 의사 선생님은 엄마 아빠에게 초음파 사진을 찍으라고 권했어요.

엄마 아빠는 제 의견은 묻지도 않고 기뻐하면서 그러겠다고 했죠. 하긴, 태어나지도 않은 3개월 된 태아에게 무슨 의견을 묻겠어요. 여러분은 그게 당연하다고 말씀하시겠죠? 그렇다면 저도 더 이상 할말이 없어요.

하지만 여러분이라면 아직 완성되지도 않은 자기 모습을 사진으로 남기고 싶겠어요? 게다가 엄마는 제 사진을 핸드폰에 저장해서 모든 사람에게 보낼 텐데요. 굉장하죠, 기술이란 제가 따라갈 수 없는 속도로 달려가고 있으니 말이에요.

아직 사람들 앞에 나설 만한 모습이 아닌데 모두에게 얼굴을 보이는 게 어찌나 부끄러운지! 게다가 저는 할 일이 참 많아요. 한창 자라는 중이니까요.

저는 지금 감각 체계를 만들어줄 제 외배엽에 집중하고 있어요. 네, 저는 8주 차에 들어서면서부터 의욕에 가득 차 있답니다. 듣고, 느끼고, 보기 위해 저는 아주 열심이에요. 물론 지금은 피부 감각 수용기에 훨씬 더 많이 집중하고 있기는 하지만요.



여러분은 아마도 이게 다 무슨 소리인가 하시겠지만 발생학자 선생님의 말씀으로는 저의 촉각 인식을 담당하는 것이 바로 그 피부 감각 수용기라고 했어요. 그것은 제가 재미있게 가지고 노는 제 입술과 손바닥, 발바닥을 느끼게 해주는 꽤 쓸모 있는 녀석이랍니다.

제 발과 손은 저와 아주 특별한 관계를 맺고 있어요. 관계를 맺고 있다니, 제가 좀 과장을 한 것 같네요. 제 손이랑 발이 저와 가장 가까이 닿아 있다는 것을 말하고 싶었어요. 게다가 제 몸이 완성되려면 임신 20주가 지나야 한대요. 거기까지 가려면 저는 무척 바빠요. 그때가 되면 엄청난 간지러움을 느낀다고 하던데, 그 느낌이 궁금해요.

생각해보면 저는 모르는 장소에서, 낯선 사람들 틈에서 태어나는 거잖아요. 물론 우리 사이에 어떤 친밀감은 있겠죠. 하지만 아직 서로를 완벽하게 알지는 못하니까요. 저는 엄마 아빠가 될 사람들을 그저 느끼고 경험할 수밖에 없어요.

엄마 아빠는 제가 곧 실제로 존재할 거라는 걸 체감하지 못하고 있어요. 저는 아직 엄마 아빠가 만들어낸 상상 속의 아기니까요. 그 상상 속에서 저는 분명 엄청나게 착하고 귀엽겠죠! 비록 상상이라고 해도, 기왕이면 멋진 상상을 하는 게 좋죠. 저도 엄마 아빠가 어떤 유형의 부모가 될지 알 수 없어요. 가족은 선택하는 것이 아니니까요.

하지만 미리 겁먹지는 않으려고요. 우리에게는 모든 가능성이 열려 있기에 어떤 상황이 닥쳐도 잘 해나갈 수 있을 거예요. 더구나 제가 여러분에게 말을 건네는 이

순간에도 모든 게 다 잘되고 있는걸요. 저는 키가 자라고, 살이 찌고, 듣고, 기다리겠죠. 온갖 근심 걱정을 피할 수 있는 고요한 엄마의 배 속에서 저는 잘 지내고 있답니다.

## 엄마 아빠의 관심이 너무 좋아요



엄마 배 속에서 5개월에 접어들면서, 저는 굉장한 일들을 겪고 있어요. 머리끝에서 발끝까지 온몸이 간질간질하거든요. 당연하죠, 제 촉각 인식이 가장 마지막에서 기다리고 있던 외피 감각을 만들고 있으니까요. 제가 오래전부터 기다리던 일이에요.

저는 폴짝 뛰면서 엄마 배 속에서 수영하기를 좋아해요. 네, 폴짝 뛰면서요. 상상해보세요, 제가 비록 마당이 딸린 방 두 칸짜리 집에 사는 것은 아니지만 그렇다고 불평할 만한 이유도 없어요. 저 같은 아기는 둥둥 떠 있거나 자궁벽에 바짝 붙어 있을 수 있으니까요. 저는 그게 너무 좋아요. 제가 마치 작은 '등긁이'가 된 것 같거든요.

저는 또 탯줄을 붙잡고 그 주변을 돌거나 심지어 제 엄지손가락을 빨 수도 있답니다. 초음파로 저를 보는 엄마 아빠는 제가 놀고 있다고 생각해요. 그래서 이렇게 말하죠.

"어머, 아기가 탯줄을 가지고 노네!"

저는 엄마 아빠가 저에 대해 이야기할 때가 참 좋아요. 엄마 아빠의 모든 관심 중에서도 제가 가장 좋아하는 것이죠. 그럴 때 저의 존재를 더욱 강하게 느낄 수 있으니까요.



또 좋아하는 순간들을 이야기하자면, 저는 박자에 맞추어 발로 제 방 벽을 밀 수 있어요. 아, 제가 벽에 등을 기댄다고 해야 할지, 벽이 제 등에 붙는다고 해야 할지 모르겠지만 아무튼 저는 제 방 벽에 붙어 있답니다. 저는 그게 너무 좋아요.

저는 세상 밖으로 나와도 그것들을 전부 기억할 거예요. 그래서 늘 어딘가에 등을 갖다대려고 하겠죠. 저는 구석진 곳을 좋아해서 귀한 버섯을 찾아 헤매듯이 그런 장소를 찾아 헤맬 거예요.

저는 너무 행복해요. 엄마 아빠는 제가 무언가 하고 있는 모습을 바라보기를 좋아해요. 그리고 제가 힘이 세다고 말하죠.

하지만 저는 정말 할 일이 많답니다. 제 코에 냄새를 맡을 수 있는 세포가 생겨나면서 제가 느끼는 즐거움이 더 많아졌거든요. 저는 매일 새로운 냄새를 발견한답니다. 여러분은 온종일 집에 있는 게 어떨지 모르겠지만, 저는 집에 있는 게 하나도 지루하지 않아요.

## 너무 많은 것을 준비하지 마세요



저는요, 아빠가 제게 좋은 영향을 줘야겠다고 굳게 결심했던 날에 관해서도 이야기하고 싶어요. 그것은 제가 엄마의 배 속에서 5개월이 되었을 때 우연히 시작되었죠. 아마도 제 감각 능력이 드러났던 모양이에요. 그때부터 아빠가 저를 아는 것이 많고 총명하며 무척 비범한 아기로 만들고 싶어 했으니까요.

저는 아빠에게 아주 먼 옛날부터 아기들은 엄마 배 속에서 아주 잘 자라왔고 그 안에서 모든 것이 다 잘돼 가고 있다고 차마 말하지 못했어요. 어쨌거나 저의 성장에 대한 믿음이 부족해서 아빠가 거기에 간섭하고 있다는 것을 알게 되면 그리 기분이 좋지는 않을 테니까요.

솔직히 저는 기분이 좀 상했어요. 아빠가 제가 세상을 이해하는 능력을 스스로 키워나갈 수 없을 거라고 생각하는 것 같아서요. 마치 아빠가 대신해주어야만 제가 그것들을 배울 수 있다는 듯이요.

물론 어느 정도 맞는 말이에요. 저는 사람들이 제게 말을 걸어주고, 제 생각을 해줄 때 기분이 좋으니까요. 엄마 아빠가 저를 생각하는 것은 제가 성장하는 데 도움이 되거든요. 적어도 엄마 아빠의 머릿속에서는 저의 탄생을 준비할 수 있으니까요.

그래요, 엄마 아빠가 저에 관한 이야기를 하고 제게 말을 거는 것은 저를 염두에 두고 있다는 뜻이죠. 저의 탄생을 예상하고 준비하는 거예요. 그게 가족이 될 준비라는 것은 여러분도 아시겠죠.

반면, 엄마 아빠가 제게 좋은 영향을 주려고 너무 많은 것을 준비할 때면, 저는 엄마 아빠의 기대가 엇나갈까봐 걱정이 돼요. 제가 엄마 아빠가 선택한 자질을 갖추고 태어날 것이라고 원하는 것 같아서요. 그건 제 입장에서 터무니없고 화나는 일 아닌가요?

저를 아직 만나지도 못했으면서 제게 이름을 지어주는 것도 그래요. 최근에 한 초음파 검진에서 엄마 아빠는 제 성별을 알아내기 위한 일을 하기 시작했어요. 엄마 아빠가 의사 선생님이랑 속닥거리면서 저의 중요한 부분을 얼마나 열심히 보았는지에 대해서는 자세히 말하고 싶지 않네요. 뭐, 엄마 아빠는 너무나 알고 싶었겠죠. 그러니 제가 이해해드려야지 별수 있나요.

게다가 엄마 아빠는 마음이 급해보였어요. 제 친구들도 자기 다리를 꼭 붙잡고 사람들이 자기를 살펴보는 걸 거부하면서 이런 스트레스를 견디고 있거든요.



우리의 성별을 알 수 없게 하면 부모님들은 분명 실망하겠죠. 하지만 아기의 탄생을 준비하는 데는 그리 나쁜 것만도 아니에요. 우리 아기들이 태어날 때는 부모님들의 모든 바람을 절대 충족시킬 수 없을 테니까요.

제 친구들은요, 이렇게 말해요.

"엄마 아빠가 우리의 탄생에 있어 모든 것을 컨트롤할 수 있을 거라고 생각해서는 절대로 안 돼."

물론, 배 속의 아기에 대해서 다 알지 못하면 위험이

있을 수는 있어요. 하지만 모든 일의 나쁜 면만 보려고 하면 안 되잖아요? 부모님들이 우리 아기들의 성별, 신체 치수, 머리둘레, 또 나머지 모든 것들을 알 수 있다고 해도 실망할 일이 없으리라고는 장담할 수 없죠.

아니라고요? 에이, 그럴걸요! 그럼 우리 큰 소리로 말해 볼까요?

"그런 건 전혀 중요하지 않아!"

저는 성별이나 신체 치수, 머리둘레보다는 저라는 작은 사람, 저의 존재, 저의 개성에 대해서 말하고 싶어요.

## 저에게 이름이 생겼어요!



자, 이제부터 일급비밀을 알려드릴게요. 엄마 아빠는 제가 여자아이라고 100% 확신한 그날부터 저를 '제인'이라고 부르기 시작했어요.

평범한 이름이죠. 맞아요, 저도 그 생각에 반대하지는 않아요. 이름 목록에서 봤던 최악의 이름은 피했으니까요. 그래요, 이름 목록이요!

아, 부모님들이 이름 목록을 만든다는 걸 모르셨어요? 에이, 아시면서! 부모님들이 영화를 보거나, 책을 읽거나, 호감이 가는 사람을 만날 때마다 수시로 바뀌는 수많은 이름이 적힌 그 목록 말이에요. 엄마 아빠는 제게 호감이 가는 사람의 이름을 지어주면 저 역시 호감이 가는 사람이 될 거라고 생각하는 것 같아요.

또 발음하기도 어려운 이름들도 있어요. 특이한 이름 말이에요. 어떤 이름인들 안 되겠어요? 전에 누구도 갖지 않았던 이름을 지어주기만 하면 되거든요. 그런 경우라면 여러분은 분명 어떤 이유가 있을 거라고 생각하시겠죠.

다행히 저는 그런 이름들을 피할 수 있었어요. 이건 다 미래의 할머니 할아버지 덕분이에요. 그분들이 그 이름 목록에 대한 얘기를 듣고 무척 언짢아하셨거든요. 할머니 할아버지 고마워요!

그래요, 제가 이해한 바로는 그게 제 3자의 역할이고 그건 꽤 중요해보여요. 저는 실례를 무릅쓰고 자궁이라는 방에서 자라고 있지만 엄마 아빠뿐만 아니라 여러 사람들이 저를 맞이해주는 것이 훨씬 더 좋을 거예요. 생각해보면, 당연한 거죠.

하지만 우리는 아직 그 단계에 있지 않아요. 그러니까 제 이름 이야기로 다시 돌아갈까요? 다르게 생각해보면 엄마 아빠는 제가 태어날 때까지 기다렸다가 제 이름을 지어줄 수도 있었을 거예요. 하지만 엄마 아빠는 그렇게 하지 않았고 저를 이미 제인이라고 부르고 있죠.

그러면 저는 어느 날 이렇게 말하겠죠.

"제 이름은 제인이에요."

## 엄마와 저는 언제나 함께이고, 한편이에요



저는요, 어떤 일이 일어나든 엄마를 알아볼 수 있어요. 당연하죠, 저는 엄마 집에서 살고 있고 우리는 벌써 여러 달을 함께 하고 있잖아요.

저는 엄마의 작은 습관들까지 모두 알고 있고요, 엄마가 무엇을 하고 있는지 알아맞히는 놀이는 참 재밌어요. 엄마가 걸을 때, 누울 때, 잘 때, 먹을 때면 저는 곧바로 그것을 느낄 수 있어요. 엄마가 말을 하거나 하지 않을 때도요.

저는 엄마 배 속의 아기로 있는 지금의 생활이 참 좋

아요. 엄마와 저는 언제나 함께이고, 한편이죠. 제가 더 자라면 엄마가 더 불편해지겠지만요. 제가 최선을 다해 보기는 할 텐데요, 저도 더 이상은 제 몸을 구부릴 수가 없네요.

엄마와 제가 한편이라고 말한 이유는요, 우리가 얼마나 비슷한지, 또 우리가 얼마나 다른지를 말하고 싶어서죠. 저는 엄마가 느끼는 것에 아주 민감하답니다.

한편 저는 저의 심장박동, 생리적 상태, 태동으로 저의 존재를 드러내요. 아기 전문가들은 이 모든 것을 무척이나 흥미롭게 여길 거라고 생각해요. 전문가들끼리 서로 의견이 다르다고 해도 말이죠.



어떤 전문가들은 저를 하나의 진정한 인격체로 봐야 한다고 말하고, 또 다른 전문가들은 저의 생물학적 반응과 태동이 저에 대해 아무것도 말해주지 않는다고 해요.

어쨌든 저는 그 토론에 끼어들지 않겠어요. 제가 생각하기에 사람들이 저에 대해 이야기하고, 또 여러분이 저에 대해 알아가는 건, 저에게는 기분 좋은 일이니까요.

엄마가 우울해하거나 스트레스를 받으면 엄마의 몸은 예전 같지 않고 제가 사는 자궁이라는 세상도 변해버려요. 그렇다고 제가 자궁이라는 세계의 한 부분이라고 할 수는 없어요. 저는 그저 자궁이라는 방에 세 들어 사는 사람이고, 그 세계의 변화를 크게 눈치채지 못하거든요.

그렇지만 저는 엄마가 느끼는 것에는 영향을 받아요. 엄마가 우울하면 저도 우울하고, 엄마가 즐거우면 저도 즐거우니까요. 저도 조금은 제 감정을 표현할 수 있는 거잖아요! 저는 사람들이 저의 잠재력을 상상하고, 저의 생명력에 대해 이야기하는 것이 참 좋아요.

그리고 제가 태어나기도 전에 제가 어떤 사람이 될지 미리 결정하지 않는 것도요. 제가 하나의 작은 '제 자신'이 될 수 있도록 저의 자리를 남겨주세요.

엄마의 이야기로 다시 돌아가면, 엄마와는 성공적으로 잘 지내고 있어요. 저는 엄마의 심리 상태에 영향을 받지 않고 아주 잘 빠져나올 수 있게 되었거든요.

그런데 아빠와는 얘기가 좀 달라요. 아빠는 제게 이름을 지어주는 것만으로 만족하지 못했죠. 제가 보기에 아빠는 결국 스스로를 안심시키고 다가올 저의 탄생을 받아들이기 위해 여러 노력을 하는 것 같아요.

아빠는 저를 음악가로 만들겠다며 여러 음악을 들려

주고, 제가 영어와 친숙해지도록 영어 동화를 읽어주고, 또 저의 운동 능력을 발달시키겠다며 엄마 배를 쓰다듬으면서 저에게 마사지를 해줘요. 여기에 한술 더 떠 아빠는 제가 축구선수가 되기를 바라고 있어요.

보셨죠? 아빠의 이런 기대들이 실망스럽다고 말할 수는 없지만, 조금 부담스럽네요. 미리 저에 대해 많은 기대를 하고 애쓰지 않으셨으면 좋겠어요. 저는 잘 자라고 있으니까요.

## 이제 소리를 들을 수 있어요



제가 꽤나 정확하게 들을 수 있다는 것을 아셔야 해요. 성장의 길에 들어선 지금, 저는 이제 5개월이 되었다고 하네요. 저는 이제 속살대는 몇 가지 소리를 들을 수 있답니다. 엄마가 내는 소리는 아주 잘 들려요. 배 속에서 나는 소리뿐만 아니라 엄마가 낮은 목소리로 말할 때도요.

놀라운 얘기 하나 들어보실래요? 제게 가장 선명한 멜로디를 전달하는 것은 바로 엄마의 뼈랍니다. 아빠는 엄마보다 훨씬 낮은 목소리로 말하는데, 사실 저에게는 아빠의 목소리가 더 잘 들려요. 저는 목소리가 낮으면

낮을수록 저에게 더 잘 들린다는 것을 알아챘어요.

초음파 검진이 있던 어느 날이었는데, 저는 놀라서 폴짝 뛰었어요. 제가 소리에 민감하고, 또 어떤 소리를 듣고는 엄마 아빠가 알아볼 수 있는 반응을 했다는 것에 엄마 아빠는 무척 감동을 받았어요.

놀라는 제 모습을 보고 엄마 아빠는 저라는 존재를 좀 더 현실적으로 느낀 것 같아요. 사소하지만 대단한 거죠!

우리는 더 가까워지고 있어요. 맞아요, 저는 엄마 아빠가 언젠가부터 제게 다른 방식으로 말한다는 것을 느꼈어요. 이제 제가 엄마 아빠의 삶에 실제로 존재하는 거죠.



엄마 아빠는 제가 어려움을 꿋꿋이 이겨내고 빠르게 성장했다고 생각하는 것 같았고 저를 진짜 아기처럼 대했어요. 아직 엄마 배 속에 있는 저를 이미 태어난 아기처럼 대해주었다고요!

이제 여러분에게 제 몸에서 무슨 일이 일어나고 있는지 좀 더 자세하게 설명할게요. 제 뇌 신경망은 이제 시각, 청각, 촉각, 미각 등 모든 감각을 느낄 수 있게 되었답니다. 여러분도 아시겠지만, 대상을 인식하려면 제 감각 기관을 통해 저의 피부, 눈, 코, 귀, 입에서부터 정보를 전달해주어야 해요.

그리고 이 모든 것은 두뇌라는 중심에 연결되어 있어요. 저의 뇌 신경 체계와 감각 기관은 함께 변하고 있고, 그래서 저는 조금 피곤해요. 뇌 신경망과 감각 기관에서 매일매일 변화가 일어나니까요.

저는 정말 하루하루 성장하고 있다고 느껴요. 두뇌는 저의 단짝이기 때문에 제가 잘 돌봐주어야 해요. 두뇌는 제가 받은 모든 것을 분석하고 대답해줘요. 제가 '따가워, 부드러워, 써…'라고 말하려면 제 두뇌에게 신세를 져야 하는 거죠. 참 멋진 녀석 아닌가요?

## 성장하려면 기다림이 필요해요



이제 다른 이야기를 해볼까요? 제가 성장하면서 혼자 헤쳐나가는 게 참 힘들다는 말을 하고 싶거든요.

음, 제 뇌 신경세포들은 계속해서 많아지고 있어요. 조금 뒤죽박죽이기는 하지만 그게 문제가 되지는 않는다고 해요. 뇌 신경세포들이 그러는데 중요한 것은 자기들의 수가 많아지는 거래요. 그리고 뇌 신경세포들의 수가 많아지는 것도 중요하지만 그것만으로는 충분하지 않대요. 그 속에서 뇌 신경세포들이 가지런히 정리되어야 하거든요.

다행히도 저에게는 물질이라는 유익한 친구가 또 하나 있어요. 그 친구는 저의 뇌 신경세포들을 감싸서 가지런히 정리하는 일을 맡고 있어요. 그렇게 하나의 관을 만들죠. 그 물질의 이름은 바로 수초예요.

뽐내기 좋아하는 과학자들은 그것을 수초화 현상이라고 말하죠. 그런데 수초화 현상은 꼭 필요한 일이라고 분명히 말할 수 있어요. 뇌 조직망이 한 번 구성되고 나면 뇌 신경세포들은 저의 모든 감각 기관과 두뇌로 정보를 전달하기 위해 아주 열심히 일해요. 왔던 길에서 되돌아가 제 근육들에게 명령을 내려야 하거든요.

하지만 우리는 서두르지 않아요. 그 일은 제가 엄마의 자궁 속에 있는 동안에는 끝나지 않을 테니까요. 자궁 속에서의 시간은 생각보다 짧거든요. 그러니까 저의 성장은 제가 태어난 후에야 마무리 될 것이고 세 살 무렵에 가장 큰 성장이 이루어질 거라고 해요.

네, 세 살에요! 세 살 전에 끝나는 게 아니냐고요? 아니에요, 저는 작은 사람이고 설사 여러분이 그걸 모른다고 해도 우리는 너무 이르게 태어난답니다. 열 달을 꽉 채우고 태어난다고 해도요. 어떻게 보면, 완성되어 태어나는 게 아니죠. 그렇지만 이 말은 별로 예쁘게 들리지 않으니 이렇게 말하는 게 좋겠어요. 열 달을 꽉 채우고 태어난다고 해도 우리는 아직 미숙하다고요.

태어나자마자 네 발로 뛰는 다른 포유류들과 달리 인간은 성장하기 위해 인내라는 무기를 갖추고 있죠. 제 성장에 관련된 비밀스러운 이야기들을 모두 들으셨으니, 여러분은 제가 얼마나 바쁜지 이제 아시겠죠? 그래서 저에게 더 좋은 영향을 주고 싶으시겠죠?

하지만 저는 이 말을 하고 끝내야겠어요. 그 모든 것이 저에게 큰 도움이 된다고 해도, 아빠가 제게 끊임없이 들려주는 음악을 제가 좋아할까요? 제가 영어로 말하고 싶어 할까요?



저는 그것이 오히려 저를 일정한 틀에 가두는 것은 아닐까 하고 생각해요. 저는 엄마 아빠의 도움 없이 조금이라도 제 자신으로 존재하기 위해 스스로 헤쳐나가야 한다고 생각해요. 결국, 그것이 세상에 자신의 존재를 알리는 탄생의 묘미 아닐까요?

저는 엄마 배 속의 아기로 있는

지금의 생활이 참 좋아요.

엄마와 저는 언제나

함께이고, 한편이죠.

제가 더 자라면

엄마가 더 불편해지겠지만요.

제가 최선을 다해보기는 할 텐데요,

저도 더 이상은 제 몸을

구부릴 수가 없네요.

# 두 번째 이야기

어느
날
갑자기
세상
밖으로

엄마의
숨결은
제게 아주
특별해요

# 제가 태어났어요



저는 다 자란 모습으로 세상에 나오지 않을 거고 엄마 아빠한테 온전히 의존할 수밖에 없기 때문에 훨씬 더 힘들 거예요. 바로 그게 골치 아픈 일이죠. 저는 다른 곳에서 태어나는 수천 명의 아기들처럼 혼자서는 아무것도 할 수 없어요. 그렇다고 오해하시면 안 돼요. 그건 제가 여자 아이기 때문이 아니에요.

여러분도 그걸 아시리라 생각하지만, 우리 시대의 현실이기에 한 번 더 짚고 넘어가는 것이 낫겠어요. 이런 이야기를 하는 것은 나쁜 의도가 있어서도 아니고 페

미니즘 때문도 아니에요. 저는 그저 제가 살아갈 시대와 그 시대의 변화, 그리고 그에 따른 보이지 않는 저항에 대해 생각해본 것뿐이에요.

그러니까 우리 아기들은 성별에 관계없이 모두가 다 의존적이고 스스로 해결할 수 있는 능력을 갖추지 못한 채 세상에 나온다는 거죠. 제가 엄마 아빠와 함께 엮어갈 관계만이 저를 살아갈 수 있게 해줄 거예요. 엄마 아빠의 숙제가 훨씬 많아지겠네요.

엄마가 최근에 읽은 임신에 관한 책에서 말한 것처럼 우리는 공유하고, 소통하고, 속 깊은 대화를 나누어야 할 거예요. 특히 엄마 아빠는 제가 저를 둘러싼 세상을 이해하고 무난하게 성장할 수 있도록 저를 도와주어야 해요.

그래도 저는 불평하지 않아요. 제가 태어날 때, 엄마 아빠가 거기에 있었으니까요. 예상대로 엄마는 눈물을 흘렸고 아빠는 가만히 미소를 지었어요. 그런 다음 엄마 아빠는 저를 계속 바라보면서 많은 이야기를 해주었어요.

그제야 정말로 안심이 되더라고요. 비로소 제가 더 이상 엄마와 탯줄로 연결되어 있지 않다는 느낌을 받았으니까요. 엄마 아빠가 탯줄을 자른 거죠! 제 기억이 맞다면, 탯줄을 자른 건 놀랍게도 아빠였어요.

결국 저는 그렇게 갑자기 세상 밖으로 나왔어요. 제가 나온 세상이 어떤 곳인지 잘 알지 못하는 채로요.

저는 열 달을 채우고 태어났지만, 참 많은 어려움을 겪었어요. 그럼에도 불구하고 엄마 아빠는 무척 기뻐했고 저도 그걸 곧바로 알아챘어요. 우리는 그럴 때 시작이 좋다고 말하죠.

저의 탄생이 얼마나 기대되었겠어요? 엄마 아빠 주변의 모든 사람들을 기쁘게 했을 것이고요. 그건 명백한 사실이죠. 그 점에 대해서는 한 치의 의심도 없어요. 여러 가지 일들을 바로 몸으로 경험했으니까요.

비록 그렇지 않았다 해도 아무것도 바뀌지는 않았을 거예요. 저는 거기 있고 우리는 결국 함께 헤쳐나가야 할 테니까요. 엄마 아빠와 나, 우리는 이제 더 이상 뒤로 물러설 수 없어요.

## 엄마에게는 안정이 필요해요



이제 저는 여러분에게 한 가지를 고백해야겠어요. 제가 조금 전에 말한 것처럼 제가 태어났을 때 모두가 행복해 했죠. 그게 명백한 사실임에도 불구하고 저는 순간적으로 엄마 아빠가 완전히 성숙하지 않았다는 것을 느낄 수 있었어요.

특히 엄마가 제게 이런 느낌을 주었죠. 제가 쓸데없는 생각을 하는 걸 수도 있지만, 사람들이 엄마에게 했던 모든 이야기에 비추어 보면, 엄마가 불안정했던 것도 이해할 수 없는 일은 아니에요.

그래요, 꿈꾸던 아기가 태어날 거라고 이야기하면서 스스로 설득된 나머지, 엄마는 평범한 아기가 태어났을 때 실망할 수밖에 없었죠. 엄마가 사흘 내내 눈물을 펑펑 쏟았던 건 어쨌든 사실이니까요.

그렇지만 엄마는 자신이 그럴 거라는 걸 알고 있었어요. 엄마가 출산을 준비하는 동안, 사람들이 엄마에게 대부분의 다른 엄마들처럼 엄마 역시 며칠 동안은 울 수도 있을 거라고 귀띔해주었거든요. 그리고 그건 호르몬 때문이니 불안해할 필요가 없다고도 말해줬죠.



네, 사람들이 엄마에게 이야기한 바로 그 호르몬이요. 그렇지만 사람들은 엄마들이 우는 이유가 실망감을 느꼈기 때문일 수도 있고, 자신이 아기를 사랑할 능력이 있는지를 의심해서 일수도 있고, 아니면 자신이 기대하지 않았던 여러 가지 다양한 극단적인 감정들을 느꼈기 때문일 수도 있다고는 말해주지 않았어요.

이제 제가 확실히 말해줄게요. 엄마들은, 모든 엄마들은, 우리 엄마는, 그리고 내 친구들의 엄마들은 아기가 자신을 실망시킬 거라는 걸 알지 못했어요. 그러니 이 말을 꼭 해야만 해요. 탯줄이 잘리고 나서도 엄마들은 여전히 자신들의 발이 꼼짝없이 묶여 있다는 것을 발견할 것이고, 그 실망의 점수를 매겨보면 분명 10점 만점에 9점일 거라고요.

물론 호르몬이 엄마들의 상태에 전혀 영향을 주지 않았다고 말할 수는 없겠지만, 호르몬에게 모든 죄를 덮어씌울 수는 없겠죠! 진단을 내리기에는 호르몬 때문이라고 하는 것이 더 간단하고 합리적이며 쉬운 생각이겠죠. 더 경제적이기도 하고요. 며칠이 지나 곧 자연스럽게 호르몬이 균형을 찾을 거라면, 그냥 참고 기다리면 되니까요.

## 여유를 가지고 심호흡해봐요



제가 보기에 엄마는 사람들이 말을 걸어줄 때 덜 울고, 덜 외로워하는 것 같았어요. 어떻게 아느냐고요? 글쎄요, 그냥 느껴져요.

엄마에 관한 질문이라면 저를 이길 사람이 없을걸요? 저는 엄마에 대해 속속들이 알고 있어요. 잊으셨나 본데, 우리는 10개월 동안 함께 딱 달라붙어 있었다고요. 당연히 그 흔적이 남아 있겠죠!

누군가 엄마에게 말하는 것을 들었는데요, 그 사람은 엄마가 산부인과에 있을 때 엄마를 담당하던 선생님이였어요. 엄마는 더 이상 울지 않고 이야기를 했어요. 선생님과 상담이 끝나고 엄마는 문제를 다르게 보기 시작했고 다른 사람들의 말에 귀를 기울였어요.

그것이 엄마에게 큰 도움이 되었고 저는 실망이 꼭 나쁜 일은 아니라는 걸 알게 되었어요.

저는 엄마와 제가 힘을 합치면 엄마에게 최선이 무엇인지 보여줄 수 있을 거라고 확신해요. 그래서 저는 엄마들이 실망할 수도 있다는 사실에 대해 사람들이 왜들 그렇게 쉬쉬하는지 이해하지 못하겠어요.

저는 아직 완벽하게 볼 수 없어요. 그렇지만 엄마가 저를 안아줄 때면 저는 피부를 통해서 엄마의 컨디션이 좋은지 나쁜지를 느낄 수 있어요. 제가 아직 말을 할 줄은 모르지만 엄마에게 이렇게 말해주고 싶어요.

엄마, 여유를 가지고, 심호흡을 해보세요. 모두 다 잘될 거예요. 우리는 한 팀이니까요. 우리는 곧 우리만의 방식을 찾을 거예요. 저와 엄마 자신에게 시간을 주세요. 우리는 우리의 감정을 함께 만들어갈 거예요.

엄마는 혼자가 아니에요. 저와 언제나 함께할 거예요. 우리는 우리의 속도로 나아갈 것이고 서로의 눈을 마주보며 우리의 기쁨, 고통, 실망 등 모든 것들을 이야기할 거예요.

그리고 아빠가 기꺼이 우리를 도울 거예요. 우리는 가족이니까요!

## 제 몸무게가 1톤쯤 되는 것 같아요



어쨌거나 평범함과 거리가 먼 것이 하나 있다면, 제가 이전에 알던 세상과는 전혀 다른 세상에 착륙했다는 것이겠죠. 그 때문에 저는 어색함을 느끼고 더 이상 엄마 배의 물속에서처럼 재주를 넘으면서 놀지 못해요. 수영장과는 이별을 고하고 단단한 땅에 인사하죠.

저는 조금도 움직일 수가 없어요. 제 몸무게가 1톤쯤 되는 것 같아요. 여러분은 상상도 못하시겠죠. 제가 제 몸의 한 부분을 움직이려고 할 때면 온몸이 동시에 움직여요. 제가 꼭 천 개의 조각으로 흩어져 둥둥 떠다니는 기분이라니까요.

여러분에게는 제 말이 이상하게 들리시겠죠. 여러분은 제 몸 전체를 볼 수 있으니까요. 하지만 제가 엄마 배 속에서 느낀 것과 밖에 나와서 느낀 것은 전혀 달라요. 저는 아직 제 몸이 하나로 붙어 있다는 느낌이 들지 않아요.

이해하시겠어요? 저는 제 몸이 여러 조각으로 나뉘어 있는 것처럼 느껴져요. 제 말을 믿어주세요. 그리고 제가 여러분에게 털어놓은 이야기들을 잘 들어주세요. 그렇지 않으면 여러분은 제가 느끼는 것들을 절대로 이해할 수 없을 테니까요.

서로 조화가 되지 않는 움직임은 저를 더 약하게 만든답니다. 저는 정말로 무서워요. 아니, 그러니까 저는 이 느낌이 뭔지 아직 잘 모르겠어요.

어쨌든 소리를 지르고 싶을 정도로 불쾌한 느낌이에요. 제가 소리를 낼 수 있다는 것조차 알지 못하면서 말이죠. 그런데 제가 알게 된 것이 하나 있는데요, 그런 느낌이 들 때면 누군가 제게 다가와요.

그게 누구인지는 잘 모르겠어요. 어쨌든 누군가가

제게 와줘요. 저는 그게 너무너무 좋아요. 그 냄새, 소리, 온기를 느끼면 저는 예전의 제 둥지를 다시 찾은 것 같아 안심이 되죠. 제가 좋아했던 분위기를 다시 찾으면서 제 몸은 가벼워지고 자궁에서의 부드러운 기분을 다시 느끼죠.

그래요, 저는 그게 참 좋아요! 그 느낌은 너무나 강렬해서 저는 더 이상 움직이지 않는답니다. 그러면 제가 자는 것처럼 보이겠죠. 그럴 때면 제 귀에 이런 소리가 들리는 것 같답니다.

"아기가 잠들었어."

## 엄마의 숨결은 특별해요



그래요. 저는 자는 것, 먹는 것, 부드러운 바람, 우유, 저에게 기대오는 몸, 엄마의 심장 소리를 좋아하는 이 세상에 태어난 아기가 되었어요.

저는 사람들이 저를 혼자 내버려두는 것을 무척 좋아해요. 잠이 덜 깨 몽롱한 상태에 있는 저를 혼자 두는 것을요. 사실, 저는 혼자 있는 걸 참 좋아한답니다.

하지만 이건 집안에서 큰 논쟁거리죠. 아빠는 저를 혼자 두는 것이 아주 좋다고 생각하지만 엄마는 제가 혼자 있는 것을 별로 좋아하지 않을 거라고 말하거든요. 이 문제는 결국 제가 어디에서 자야 하는가에 대한 커다란 질문으로 이어지죠.

저는 엄마 아빠가 마련해준 제 방을 아주 좋아해요. 그곳은 오직 저를 위한 공간이니까요!

저만을 위한 공간이 있다는 건 너무나 멋진 행운이에요. 제 친구들 중에는 누군가와 같이 자야만 하는 아기들도 있거든요. 그 친구들보다 먼저 태어난 형제나 자매가 있는 경우죠.

그렇지만 저는 엄마 아빠의 첫째 아기이고 앞으로도 그럴 거예요. 태어나는 데 순서가 있으니까요. 저는 장녀인 것 같아요. 저는 장녀로 태어난 것이 아주 좋아요.

엄마는 제가 엄마 가까이에 있기를 바라요. 특히 밤에는요. 저는 밤이 언제인지 모르지만 엄마는 알고 있어요. 그리고 엄마는 제가 엄마와 함께 자는 것을 더 좋아해요. 정확히 말하면 엄마 아빠와 셋이 자는 거죠.

엄마 아빠는 우리가 함께 쓸 방을 꾸몄어요. 제가 태어나기 전에 그 방을 꾸며서 한 침대에서 모두가 잘 수 있게끔 한 거죠.

엄마는 언제나 아빠와 함께 잠자리에 들기를 바라지

만, 사실 엄마는 저와 자는 것을 더 좋아해요. 모두가 엄마에게 기대어 있죠. 저와 아빠, 우리 둘이 엄마에게 기대어 자는 거예요.

저는 그게 참 좋아요. 그런데 사실, 저는 혼자 있는 것도 좋고, 혼자 있지 않는 것도 좋아요. 그렇지만 저는 엄마에게 그 말을 할 수가 없어요. 제가 말을 할 줄 모르니까요. 그러니 엄마가 짐작하는 수밖에 없죠.

엄마는 망설이고 의심하면서 저에게 이런저런 시도를 해봐요. 제 생각에는 엄마가 잘하고 있는 것 같아요. 어떤 면에서 보면 저는 엄마에게 아직 낯선 사람이니, 저를 대할 때는 대담하게 시도하고 엄마 자신을 믿어야 해요. 그게 태어난 지 얼마 안 되는 제가 엄마에게 해줄 수 있는 작은 조언이에요.



물론 그게 말처럼 쉽지 않다는 것을 알아요. 스스로를 믿으려고 해도 처음 엄마가 되면 머릿속이 혼란스럽고 복잡할 테니까요.

아기의 입장에서 말하자면, 저는 누구보다도 엄마를 잘 이해할 수 있어요. 저 역시 똑같은 상황이니까요. 저도 매일매일 낯선 사람들을 마주하고 그들을 느끼고, 경험하고, 짐작하고, 해석하기 위해 부단히 노력해야 하거든요.

그래요, 해석하기 위해서라는 말이 정확할 거 같아요. 물의 세상에서 공기의 세상으로 간다는 것은 정말 현기증이 나는 일이에요. 모든 것이 낯설거든요.

공기 중의 바람 소리를 듣는 것은 엄마 배 속의 소리를 듣는 것과 달라요. 맛, 냄새, 빛, 움직임 같이 다른 것들도 모두 마찬가지고요.

예를 들면, 엄마의 숨결은 제게 아주 특별한 거예요. 제가 태어났을 때, 엄마는 저를 품에 안았고 엄마 입에서 바람이 나왔어요. 제가 태어나기 전에는 느껴보지 못한 것이었죠.

엄마 배 속에 있을 때 저는 제 피부에 바람이 이는 느낌을 알지 못했어요. 초보 엄마들이 그러듯이 우리 엄마도 입바람을 불며 제 볼에 뽀뽀를 했어요.

처음에 저는 그게 불편했고 그래서 그걸 피하려고 머리를 뒤로 젖히곤 했어요. 엄마는 놀라면서 제가 엄마를 좋아하지 않는다고 생각하며 울기까지 했어요. 무척 당황스러웠죠.

저는 엄마에게 그게 아니라고 말하고 싶었지만 어떻게 말해야 할지 몰랐어요. 당연히 저는 엄마를 사랑해요. 하지만 그 순간에는 엄마를 어떻게 안심시켜야 할지 정말 모르겠더라고요.

## 있는 그대로의 엄마가 좋아요



제가 지금 이런 말을 하는 것은 그때 그 일 때문이에요. 때때로 조금 시간이 걸리더라도 같은 것을 여러 번 경험하면 저는 안심할 수 있고 제게 무슨 일이 일어나고 있는지를 더 잘 이해할 수 있다는 것을 엄마에게 알려주고 싶거든요.

이제는 엄마가 제게 입바람을 불며 뽀뽀하면 그게 엄마라는 것을 알아요. 이게 바로 제가 적응해가는 방식이에요. 저는 경험을 반복하면서 주변 환경을 파악해요. 스스로에게 '그래, 이건 내가 아는 거야'라고 말할 수 있는 경험이요.

엄마와 아빠, 우리는 함께 배워나가야 해요. 육아 전문가들이 말하는 것처럼, 우리가 서로 대화하고 교감할 수 있는 관계를 만들어가려면 서로를 향해 한 걸음씩 내디뎌야만 해요.

교감, 그것이 바로 우리가 서로를 사랑하기 위해 서로에게 연결되는 방식이죠. 잘 생각해보면 처음에 우리는 서로 모르는 사람들이잖아요.

하지만 그게 말처럼 쉽지는 않죠. 엄마는 확신하지 못하면서 끊임없이 사람들에게 조언을 구하고 육아에 좋다는 것들은 모두 시도하려고 하거든요.



저는 그런다고 해서 엄마가 진정으로 강해질 거라고 생각하지 않아요. 엄마는 단지 하나의 이미지가 되고 싶은 거예요. '이상적인 엄마'라는 이미지요.

제 생각에 그건 참 별로인 것 같아요. 그럴 때면 엄마가 제 진짜 엄마가 아닌 것 같고 엄마의 어느 한 부분을 잃어버린 것 같은 기분이 들거든요.

그리고 그 잃어버린 부분 때문에 저는 마음을 편히 놓을 수가 없어요. 그래서 엄마에게 많은 것을 요구하게 되죠. 마치 이 사람이 제 엄마가 맞다는 것을 계속해서 확인하고 싶다는 듯이요.

여러분은 아마도 제가 조금 과장하고 있다고 생각할 거예요. 저는 다만 우리 아기들의 감성이 얼마나 특별한지를 말하고 싶은 것뿐이에요.

그러니 엄마는 사람들이 요구하는 이상적인 모습의 엄마가 아닌, 있는 그대로의 엄마여야 해요. 뭐가 다른지 아시겠어요? 오롯이 자기 자신의 모습을 지키는 것과 자신의 모습을 잃어버리는 것의 차이를 말이에요.

어제 엄마는 육아 전문가 선생님을 만났어요. 선생님은 엄마에게 제 체중이 조금 줄었으니 저를 먹이는 것에 조금 더 신경을 써야 한다고 말했어요. 하지만 저는 정말로 잘 먹고 있거든요. 그런데도 체중이 잘 늘지 않아요. 체중계에 그게 나타난 모양이에요.

아기의 개월 수에 따른 평균 체중이라는 게 있는데 제 체중이 그에 미달하는 것으로 나타났고 그래서는 안 된다고 하더라고요. 그 상담은 엄마에게 큰 도움이 되었어요. 아기에 대해 잘 아는 누군가와 저에 대해서 이야기할 수 있으니까요.

그 상담 이후 엄마는 저를 엄마 아빠 방에서 같이 지내게 하리라 결심했어요. 제가 아직 눈은 잘 안 보이지만 그건 잘 보이더라고요. 아니, 느꼈다고 하는 게 낫겠네요. 아빠가 엄마의 그 결심을 그리 탐탁지 않게 생각했다는 것을요.

그런데 저는 한 가지 사실을 눈치챘어요. 아빠가 동의하지 않더라도 마지막 결정을 내리는 건 아빠가 아닌 엄마라는 걸요.

하지만 아빠도 육아에 깊숙이 관여하고 있어요. 단지 저와 엄마의 관계 속에서 자신의 자리를 찾는 것을 어려워할 뿐이죠.

아빠는 저와 엄마를 떼어놓을 수 없어요. 그건 천륜을 거스르는 것이나 마찬가지니까요. 아, 제가 좀 과장한 면이 있는 것 같지만 엄마와 저의 관계는 그만큼 단단히 밀착되어 있답니다.

## 아빠랑 있으면 다른 기분을 느껴요



아빠는 집으로 돌아오면 매일 저와 놀아주려고 해요. 저는 아직 머리를 가누지 못해요. 이제 태어난 지 열흘밖에 되지 않았으니까요. 그러니 제게 너무 많은 것을 바라면 안 돼요.

그런데 아빠는 제가 아주 힘이 세다고 생각하는 것 같아요. 제 몸무게가 그리 무겁지도 않은데 말이죠. 그래서 아빠는 저를 번쩍 안아 들어올리는데 저는 그게 무척 재밌어요.

아빠랑 같이 있으면 저는 엄마와 있을 때와는 다른

기분을 느껴요. 그러니까 뭐랄까…더, 아니 덜…뭐라고 말해야 하지? 그래요, 달라요.

나는 그게 참 좋아요. 제가 좋아하는 건 '다르다'는 느낌이에요. 그런데 엄마는 그게 마음에 들지 않은가봐요. 그래서 아빠에게 이렇게 말하곤 하죠.

"애 좀 그렇게 안지 마. 애가 아프잖아. 나처럼 부드럽게 안으라고!"

그런데 제가 걱정하는 단 하나는 아빠가 엄마 말을 듣고 그대로 따라 하는 거예요. 그러면 거기서 엄마와 아빠의 차이는 없어지니까요.



아빠는 저와 다르게 느껴요. 엄마는 저와 똑같이 느끼죠. 아빠의 움직임은 단단해요. 엄마의 움직임은 부드럽죠. 제가 좋아하는 그 부드러움이요. 그래서 저는 엄마의 살에 파묻힐 수 있어요. 엄마의 살에는 주름이 잡혀 있거든요.

사람들이 엄마에게 조금 통통해졌다고 하더라고요. 저는 엄마의 살 속에 하루 종일 들어가 있을 수 있을 만큼 엄마의 살을 좋아해요. 그곳은 부드럽고 몰랑몰랑해요. 그래서 제가 좋아하죠.

엄마들은 출산하고 나면 하루라도 빨리 그 주름들을 없애고 싶어 한다고 하더라고요. 그래서 그 주름을 없애려고 애를 쓰고요. 어떤 면에서는 그렇게 해야 엄마들의 여성성이 지켜질 수 있다고 생각하는 것 같아요.

하지만 저는 그런 생각이 참 이상하게 느껴져요. 서두를 것 없잖아요! 언젠가 엄마들이 그 과정을 거쳐야만 한다면 조금 더 기다릴 수 있는 거 아닌가요?

엄마의 살에 주름이 있건 없건, 엄마가 저를 안아줄 때와 아빠가 저를 안아줄 때의 느낌은 아주 달라요. 또 아빠는 엄마와 다르게 말해요.

아빠는 저를 자신의 정면에 놓기를 좋아해요. 아빠는 저를 아주 꽉 안아서 흔들리는 제 머리를 받쳐들고 자기 무릎 위에 눕혀놔요. 아빠의 숨결은 아주 강하죠. 엄마처럼 입이 아닌 코에서 나오는 숨결이에요.

그게 바로 제가 무언가를 느끼는 방식이자 기술이랍니다. 꽤 정확하죠. 엄마와 함께 있을 때, 저는 엄마 옆에 몸을 쭉 펴고 누워요. 그리고 엄마의 살과 제 살이 한데 섞이죠. 제 코는 엄마의 살에 파묻혀요. 저는 엄마 아빠 둘 다 너무 좋아요. 다른 기분을 느낄 수 있으니까요.

이제 저는 엄마와 함께 자요. 아빠는 회사에 다녀와서 쉬어야 하기 때문에 거실에서 자거든요. 아빠가 저 때문에 화가 난 게 아니어야 할 텐데요. 저는 아무 잘못이 없어요. 저는 아무것도 요구하지 않았어요.

그래요, 좀 울기는 했지만 제가 엄마 품에 있는 것에 길들여져 버린 걸 어떡해요. 저를 세상에 내보내준 조산사 이모는 엄마에게 아기와의 스킨십에 대해 여러 번 말했어요.

이모는 엄마에게 아기를 자주 안아주라고 조언해줬

어요. 이모는 정말 최고예요! 아주 훌륭한 조언이지 뭐예요.

엄마는 그 조언을 아주 잘 받아들였어요. 그래서 아빠가 엄마에게 애를 좀 내려놓으라고 말하면 엄마는 아빠에게 자기가 들었던 훌륭한 조언을 다시 이야기해주죠.

그럼 아빠도 결국 포기하고 말아요. 아빠가 그런 말을 너무 자주 하지 않았으면 해요. 그렇지 않으면 엄마와 저는 누구의 말도 듣지 않을 수 있으니까요. 그게 바로 저와 엄마, 우리 둘의 작은 흠이라고 할 수 있죠.

우리는 어떤 면에서 본드 같아요. 아시죠, 본드. 그게 바로 우리예요. 그리고 지금은 서로가 서로에게 바싹 붙어서 세상에 둘밖에 없는 것처럼 느끼죠.



아빠는 저를 내려놓아야 한다고 말하면서 엄마가 항상 아기를 품에 안고 있는 게 해결책은 아니라고 말해요. 제가 볼 때 아빠가 약간 질투를 하는 것 같기도 해요. 아빠는 엄마의 마음속에 제가 1순위가 될 거라고 생각하지 못했던 거예요.

아빠는 책을 한 권 샀어요. 그 책은 아기의 탄생 이후에 부모는 각자 자신의 역할을 찾아야 하고 큰 변화를 맞이하여 서로를 이해하기 위해 소통을 많이 해야 한다고 말하고 있어요. 부모가 된 이후에 심리적 변화를 다룬 책이죠.

그 책은 지금 엄마 아빠의 침대 머리맡에 놓여 있지만 엄마 아빠는 그 책에 대해서 한마디도 하지 않는 것 같아요. 엄마 아빠는 너무나 피곤해 죽을 지경이니까요.

그래요.

저는 자는 것, 먹는 것,

부드러운 바람, 우유,

저에게 기대오는 몸,

엄마의 심장 소리를 좋아하는

이 세상에 태어난

아기예요.

# 세 번째 이야기

# 태어난 지 한 달이 되었어요

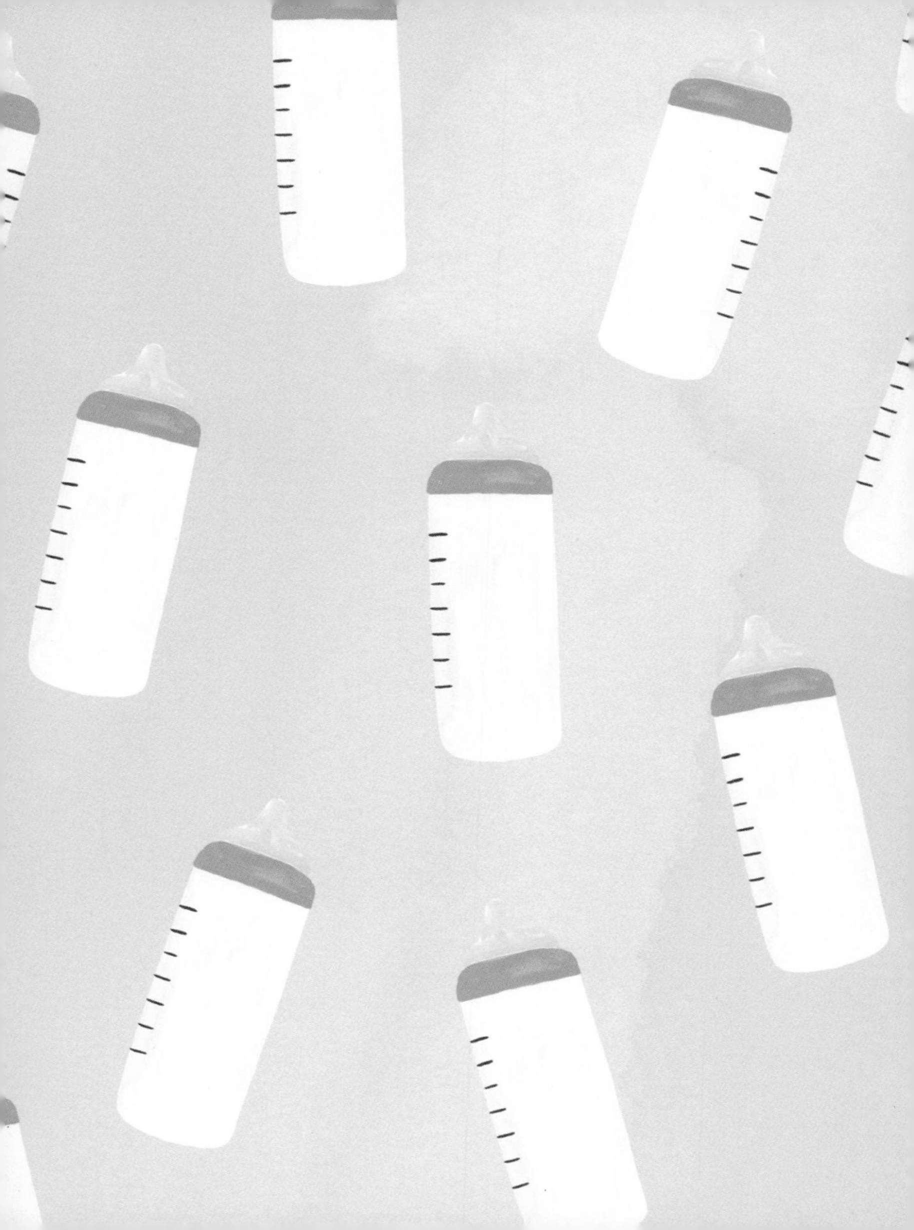

저는
사실

꽤나
우는 아기
랍니다

## 엄마를 느껴보려 애써요



저는 잘 지내고 있어요. 벌써 태어난 지 한 달이 되었고 물속이 아닌 공기 중에서의 생활도 그리 나쁘지는 않은 것 같아요. 단지 소소한 몇 가지 것들이 불편하기는 하지만요.

예를 들면, 저는 배가 고플 때 엄마나 아빠가 오기를 기다려야만 해요. 엄마 아빠는 둘 다 저를 먹이는 것에 의욕이 넘쳐요. 저는 어떤 때는 엄마 젖을 먹고 어떤 때는 우유병을 빨아요. 제 친구들 중에는 엄마 젖만 먹는 아기들도 있어요.

어떤 사람들은 엄마 젖만 먹이는 것이 아기의 건강에 훨씬 더 좋다고 말하죠. 엄마 젖을 먹으면 아기가 병에 잘 걸리지 않고 엄마와 아기의 관계도 더 좋아진다고요. 그 방식에 대해서 저는 잘 모르지만 엄마가 모유 수유에 관련된 강의를 들으러 갔을 때 들은 얘기래요.

제가 다른 사람들에 관해서 평가할 만한 자격은 없지만 저에 관해서라면 저는 엄마 아빠가 잘 해내고 있다고 평가하고 싶어요. 제 생각에 중요한 것은 엄마 아빠가 제게 먹을 것을 줄 때 편안함을 느껴야 한다는 것이에요. 그게 제 건강에도 좋으니까요.

그리고 저는 저의 건강 역시 엄마 아빠의 몫이라는 것을 재빨리 눈치챘어요. 엄마 아빠가 저를 차분하게 돌볼수록 제 건강이 더 좋아질 거예요. 저는 이미 그걸 작게나마 경험했거든요.

엄마가 짜증 나 있을 때 제게 젖을 물리면 저는 너무 무서워요. 그럴 때는 제 배 속에 잔뜩 꼬인 매듭이 들어 있는 것 같은 기분이 든다는 걸 여러분은 상상할 수 없겠죠.

저는 엄마가 젖을 물려주기 전부터 온통 긴장 상태

로 있어요. 엄마의 냄새는 이전과 같지 않고 팔은 딱딱하게 굳어 있어요. 그리고 엄마의 심장 소리까지도 너무 무서워요.

엄마가 낯설게 느껴진다는 말이에요. 저는 그런 상황을 조금도 좋아하지 않아요. 게다가 젖을 먹는 내내 저는 긴장하고 있어요. 젖을 먹기는 하지만 동시에 의심이 들어서 배가 고파도 젖을 잘 먹지 않아요.

저는 엄마를 느껴보려고 애를 써요. 최대한 엄마를 유심히 관찰하려고 하죠. 그렇게 젖을 먹고 나면 당연히 다 게워내고요.



자, 보세요. 제가 전문가는 아니지만 저는 자신의 선택을 믿고 실행하는 엄마와 그렇지 않은 엄마의 차이를 확실히 알아요. 각자가 자신이 원하는 대로 하겠지만 젖을 먹이는 엄마나 우유를 먹이는 엄마나 모두 편안했으면 좋겠어요.

## 사실 저는 꽤나 우는 아기랍니다



제가 여러분에게 비밀을 하나 말해드릴게요. 저는 사실 꽤나 우는 아기랍니다. 저는 배가 고플 때 울어요. 당연하죠.

저는 제 몸이 편안하지 않을 때도 울어요. 그것도 당연하죠. 저는 제가 무언가를 하고 싶을 때도 우는데…. 음, 잘 모르겠어요.

사실 그런 건 중요하지 않아요. 저 같은 아기가 우는 것은 당연한 일이라고요. 제가 무언가 필요할 때, 아니면 아무것도 필요하지 않을 때 어떤 방법을 쓸 수 있겠어요? 우는 수밖에 없잖아요.

그래요, 엄마 아빠에게는 단순한 문제가 아니란 것을 알아요. 엄마 아빠는 제 울음소리를 구분해야 하니까요. 엄마 아빠가 그것을 늘 정확하게 구분하는 건 아니거든요.

그래서 엄마는 아기의 울음에 관한 강연에 갔어요. 엄마는 그 강연이 도움이 되었다고 했지만 그 후에 엄마와 아빠는 말다툼을 했어요. 아빠는 엄마가 강연에서 들은 것들을 하나도 실천하지 않는다고 생각했으니까요.



저는 엄마가 강연에서 무슨 말을 들었는지 몰라요. 그리고 솔직히 말하면 그건 제 문제가 아니잖아요. 고백하자면 저는 불편한 것이 느껴지면 눈물이라는 무기를 써요. 심지어 아주 사소한 일로도요.

물론 울지 않고도 그것을 표현할 수 있을 거예요. 하지만 입장을 바꿔놓고 생각해보세요. 제가 불편한 자세로 있을 때, 몸이 긴장할 때, 돌발적인 어떤 상황이 제 안에서 일어나고 있을 때, 제가 어떻게 할 수 있겠어요?

아빠는 매번 그럴 때마다 엄마가 저를 달래면 안 된다고 해요. 제가 진정할 때까지 시간을 주고 내버려두어야 한다면서요. 그리고 다시 말다툼, 말다툼, 말다툼….

엄마는 육아 휴직을 하고 나서 완전히 진이 빠졌어요. 우리는 종일 붙어 있고 저는 엄마가 완전히 기진맥진해 있다는 것을 느낄 수 있어요. 엄마는 제가 울게 내버려두는 것보다 가서 달래주는 것이 훨씬 더 낫다고 말해요. 엄마는 제 울음소리를 듣는 것보다 저를 품에 안고 있는 편이 더 견디기 쉬운가 봐요.

그런데다 엄마와 아빠의 관계는 긴장되어 있어요. 엄마 아빠는 제가 태어나면 둘의 관계가 더 완벽하게 충만해질 거라고 생각했지만 현실은 달랐죠.

엄마 아빠의 관계가 저로 인해 더 충만해진 것은 확실해요. 그렇지만 그게 다는 아니에요. 때때로 충만하다 못해 조금 흘러넘칠 때가 있거든요.

엄마 아빠는 심지어 갈피를 잡지 못하겠다는 말을 하기 시작했어요. 제가 엄마 배 속에서 5개월이 되던 때에 했던 말을 기억하실지 모르겠지만 제 생각이 크게 잘못된 건 아니었어요. 제가 그때 여러분에게 말했었죠. 모든 것을 재단하고 예상하고 제어할 수 없다고요.

그래도 저는 걱정하지 않아요. 엄마 아빠는 힘든 상

황을 함께 헤쳐나갈 수 있을 거예요. 엄마 아빠는 현명하고 스스로를 돌아볼 줄 안다고 믿으니까요.

한 생명의 탄생은 스스로도 느끼지 못할 만큼 한 남자와 한 여자의 인생을 완전히 바꾸어놓는다고 하잖아요. 저는 확실히 말할 수 있어요. 그건 자신의 인생뿐만 아니라 자신의 내면 깊숙한 곳에 있는 존재의 변화와 대면하는 것이라고요.

그래요, 이게 바로 부모가 된다는 것의 현실이죠. 그것은 마치 시험과도 같아요. 인생의 시험과 도전. 저는 그게 어떤 것인지 잘 알고 있어요. 저 역시 매일매일 그것을 해내고 있으니까요.

## 놀라운 경험을 하고 있어요



어느 날 아침 저는 아주 놀라운 경험을 했어요. 제가 그 일이 일어나기를 바라고 있기도 했었고요. 당시 저는 집 안이 떠나가라 울고 있었어요. 여기저기로 제 몸이 흩어지는 것 같아서 기분이 그다지 좋지 않았거든요. 저는 배가 고파지면 그 순간에 무척 두려운 느낌이 들어요. 마치 제 몸이 분리되기라도 하는 것처럼요.

제 몸이 분리된다는 느낌은 너무나 고통스러워요. 그럴 때면 온몸 여기저기가 굉장히 아프죠. 그날은 엄마가 저를 온종일 돌보고 있었어요. 여느 때처럼 엄마는 분주하게 움직였지만 왜인지 그날 엄마는 어느 것도 제대로 해내지를 못했어요.

그런데 갑자기 예상치 못하게 무언가가 제 입안으로 들어왔어요. 그 순간 저는 그게 엄마 젖이거나 저를 돌보러 온 아빠의 손일 거라고 생각했어요. 하지만 아니었어요. 그것은 바로 저, 제 몸이었다고요!

제가 어떻게 그렇게 했는지는 모르겠지만 정말 굉장했어요. 말도 안 되는 일이었죠. 저는 곧바로 입술을 오물오물 움직였어요. 네, 맞아요. 정말로 제 손이었어요.

저는 끝내주는 효과가 있는 빨기 반사를 한 거예요. 그래요, 정말로 제 입술 밑에 있었던 것은 제 손등의 피부였다고요. 여러분이 믿으실지 모르겠지만 그것은 엄마나 아빠가 제게 우유를 주는 것과 같은 효과가 있었어요. 제가 같은 효과가 있었다고 말하는 건, 그로 인해 제가 느꼈던 편안함이 비슷했다는 거예요.

저도 거기에 우유가 없는 것쯤은 잘 알고 있었어요. 하지만 저는 정말 배가 고팠고 제가 입술에서 손을 떼자마자 큰 소리로 울기 시작했어요.

그런데 놀라운 것은 제가 무척 배가 고팠는데도 엄

마나 아빠 없이 혼자 잘 있었다는 거예요. 마치 엄마 아빠가 거기 있던 것처럼요.

그 발견은 말문이 막힐 정도로 저를 놀라게 했어요. 그래요, 그것 때문에 저는 정말 어리벙벙했거든요. 커다란 신생아가 말을 하는 것과 다를 바가 없었다니까요.

여러분은 이 일을 어떻게 느끼실지 모르겠지만 이 일로 모든 것이 바뀌었답니다. 저는 평소에 엄마 아빠와 함께 있을 때 느끼는 무언가를 오롯이 혼자서도 느낄 수 있게 됐거든요.

물론 거기에는 엄마 아빠의 공도 있어요. 엄마 아빠가 저한테 먹을 것을 늦게 가져다준 덕분이죠. 하지만 제 손을 제 입에 댄 건 바로 저였어요. 제가 일부러 그렇게 한 게 아니라 해도 저는 앞으로도 그렇게 할 거예요. 처음이 어렵지 두 번은 쉬우니까요.

아기에게 조금 늦게 온 엄마와 그때를 놓치지 않고 손을 빨면서 재치 있게 행동한 아기. 얼마나 멋진 팀워크인가요. 저는 아기 초급반에서 훌륭한 성적을 거둔 거예요.

그다음에는 여느 때와 다름없었어요. 엄마가 제게

젖을 주러 왔거든요. 엄마는 저를 대견해하면서 아주 잘 참고 기다렸다고, 이제 다 컸다고 제게 계속해서 말했어요. 그날만큼 엄마의 젖이 맛있게 느껴졌던 적은 결코 없었답니다.

## 행동을 느낄 만한 시간이 필요해요



그 후로 저는 다시 손이 빨고 싶었어요. 우선은 엄마가 제게 우유를 주려고 너무 서두르지 않아도 되고, 또 제 입술에 가져다댈 무언가를 찾으려 하는 것을 제가 무척 좋아했기 때문이에요.

여러분이 알다시피 저는 아직 어려요. 내일이면 태어난 지 5주가 돼요. 아, 시간이 어찌나 빨리 가는지! 그런데도 저는 벌써 훌륭한 성적을 냈어요. 챔피언이 되는데 나이가 중요한가요?

그 모든 것은 제가 오롯이 혼자 있을 수 있었던 단

몇 초 덕분이었어요. 그걸 미리 알았더라면 태어나자마자 그렇게 했을걸요? 좀 더 빨리 독립적인 아기가 될 수 있도록요.

그 경험은 무척 강렬했답니다. 이제 저는 기다릴 줄도 알고요, 기다리면서 스스로 해결할 줄도 알죠. 또 제가 편안해지는 방법을 알아서 찾으려고 해요. 엄마의 도움 없이요!

이것은 발견을 넘어 어떤 자유의 문이 저를 향해 활짝 열린 것이라고 표현할 수 있답니다. 비록 이제 엄마가 여유를 가져도 된다고까지는 말할 수는 없겠지만, 제 친구들에게도 제가 발견한 것을 알려주고 싶어요. 그래서 그 친구들의 엄마들도 아기를 기다리는 법을 배웠으면 좋겠어요.

기다린다는 것이 이토록 유익하다는 것을 누가 생각이나 했을까요? 그리고 그토록 많은 발견의 실마리가 될 수도 있다는 것을 누가 상상이나 했을까요?

저는 엄마 아빠가 살아가는 속도에 귀를 기울이고 있어요. 엄마 아빠는 속도를 늦출 줄 몰라요. 언제나 빠르게 움직이고 있으니 말이에요. 제가 말을 할 줄 알았다면 엄마 아빠에게 이렇게 말했을 거예요.

"아직 시간이 있으니 천천히 해요."

게다가 저는 때때로 그게 너무 과해서 울음을 터뜨리기까지 한답니다. 그럴 때면 제 피부가 따끔거리는 것 같은 느낌이 들어요.

저는요, 제가 행동이나 말, 냄새의 속도에 민감하다는 걸 알아챘어요. 진짜예요. 분주한 엄마 아빠처럼 너무 빨리 움직이는 것에서 나는 냄새가 있다니까요. '아 그래, 엄마야!'라고 생각할 겨를도 없이 이미 다른 모르는 것들이 저에게 밀물처럼 몰려와 있죠.

저는 어떤 행동을 느낄 만한 시간이 필요해요. 저는 제가 했던 여러 경험 중에서 그 기다림의 몇 초를, 그 시간이 제게 준 평온함을 절대 잊지 않을 거예요.

저는 그 시간을 평생 기억할 거예요. 저는 그 시간을 아주 소중한 보석처럼 제 안에 깊이 간직하고 있어요. 그것은 저를 안심시키는 굉장한 발견이었으니까요.

## 혀를 가지고 놀 수 있어요!



제가 9주인가 10주인가 되었을 어느 날이었어요. 그날도 저는 엄마를 조금 기다리고 있던 중이었고 어쩌다가 제 혀를 움직이기 시작했어요.

제가 어떻게 그런 행동을 했는지는 잘 모르겠지만 제 혀는 딱딱하게 튀어나온 한쪽을 지나 또 다른 한쪽을 지나갔어요. 그래서 저는 제 목에 흐르는 무언가를 느꼈죠. 저는 그게 우유라고 생각했는데 아니었어요. 저는 완전히 꿈을 꾸는 기분이었어요. 우유를 가지고 있는 건 분명 엄마 아빠뿐이었으니까요.

얼마 후에 저는 그게 제 침이었다는 것을 알았지만 그때는 그게 뭔지 몰랐어요. 정말 믿을 수가 없었어요. 여러분도 알다시피 입속에는 많은 것이 있잖아요.

이제 저는 엄마가 젖을 줄 때, 때때로 젖 먹기를 멈추고 입속에서 제 혀를 움직여요. 그러면 엄마는 "어머, 아가야 뭐하는 거야?"라고 말하며 제가 잘 먹지 못하는 거라고 생각해요. 엄마는 심지어 그 얘기를 소아과 의사 선생님에게 했는데요, 저는 의사 선생님이 엄마에게 제 혀를 잘 살펴보라고 말할까봐 걱정이었답니다.

그런데 의사 선생님은 엄마의 말에 크게 신경 쓰지 않고 제게 주는 우유의 양을 더 늘리라고 하셨어요. 그 점에 대해서 저도 동의했죠. 이제야 조금씩 제대로 돌아가기 시작한 거죠.

저는 이제 우유병이나 엄마 젖을 제 입술로 아주 세게 빨 수 있게 되었어요. 그러면 우유가 더 빨리 나오니까요.

제가 그러는 것을 볼 때 아빠는 웃어요. 엄마는 제가 엄마를 아프게 한다며 살살 먹으라고 소리를 치죠. 이제 우리가 더 웃을 수 없다면 참 지루할 거 같아요.

제 입술은 제 거예요. 그리고 저는 제가 원하는 만큼 입술을 다물고 벌릴 수 있답니다. 제가 입술을 그다지 세게 다물지 않으면 우유가 제 입속에 들어오지 않아요. 반대로 제가 입술을 세게 다물면 우유가 제 입속에 들어오죠.

## 저에게는 안과 밖이 있어요



저에게는 안과 밖이 있어요. 여러분은 이미 알고 있었다고요?

하지만 저는 그걸 이제 막 느꼈는걸요. 그러니까 이틀 전인가 사흘 전부터요. 얼마 되지 않았죠. 하지만 제가 아직 어리다는 걸 잊지 마세요. 저는 3개월도 채 되지 않았지만 이미 똑똑한 아기라고요.

저는 제 몸속에 들어온 우유를 알게 됐고 제 온몸이 액체가 되는 것 같은 이 느낌이 너무 좋아요. 저는 머리끝부터 발끝까지 액체가 된답니다. 정말 멋진 일인데 여러분에게 이걸 어떻게 설명해야 할지 모르겠어요.

그럴 때면 저는 진짜 제가 된 것만 같은 느낌이 들어요. 제 몸의 모든 부분을 느낄 수 있으니까요. 저는 액체가 된 아기이자, 액체가 된 저이고, 액체가 된 척추를 가지고 있어요. 배가 고프면 제 몸이 천 개의 조각으로 흩어지는 것 같던 예전과는 다르죠.

저는 이제 제 몸이 단단해지는 것을 느끼고 더 이상 무섭지도 않아요. 저는 몇 초간 제 손을 입에 넣고 빨면서 혼자 잘 있을 수 있으니까요. 저는 손을 자주 빠는데요, 엄마나 아빠가 옆에 있을 때도 손을 빨아요. 그냥 저의 안쪽이 어떻게 지내고 있는지를 느끼려고요. 저는 배가 고프지 않을 때도, 우유병을 기다리지 않을 때도 손을 빨고 논답니다.

저는 어떤 행동을 느낄 만한

시간이 필요해요.

저는 제가 했던

여러 경험 중에서

그 기다림의 몇 초를,

그 시간이 제게 준 평온함을

절대 잊지 않을 거예요.

# 네 번째 이야기

저는
느끼고,
느끼고,
또
느껴요!

엄마의
배 속은 마치
파도
같아요

얼마 전부터 엄마 아빠는 저를 보면서 제가 하는 것처럼 자기들 입으로 뭔가를 하고 있어요. 사실 저랑 완전히 똑같지는 않아요. 엄마 아빠는 입을 아주 크게 벌리고 소리를 낸 다음 저를 보면서 기다려요.

저는 그 순간에 무척 어리둥절했죠. 저는 어떤 것도 놓치지 않으려고 눈을 크게 뜨고 엄마 아빠의 입을 뚫어져라 쳐다보면서 따라 해보려고 했어요.

어느 날 저는 엄마 아빠와 똑같은 소리를 낼 정도로 정말 잘 따라 했답니다. 제 스스로가 완전 자랑스러웠어요! 제 온 몸이 웃었죠. 제가 웃을 때면 몸 여기저기가 흔들려요.

하지만 가장 행복해하는 사람은 바로 엄마 아빠였어요. "에에에" 같은 의미 없는 작은 소리인데도 그 효력은 굉장했죠. 그 후로 제가 그걸 얼마나 열심히 연습했는지는 말하지 않아도 아시겠죠. 저는 엄마 아빠가 저를 보면서 제게 관심을 기울이는 게 너무 좋거든요.

그런데 그뿐만이 아니에요. 엄마 아빠는 그럴 때 즐거움을 느끼고 열광하며 엄마 아빠의 움직이는 소리가 온 집안을 가득 메워요.

저는 그렇게 놀면서 우리가 서로를 느끼기를 바라요. 그래서 저는 더욱 열심히 엄마 아빠를 따라 하죠. 더구나 그 놀이는 저를 꽤나 흥분시키거든요. 시간이 갈수록 저는 제 능력에 더 놀랄 거라고 믿어요.

제가 태어났을 때만 해도 제가 뒤집힌 거북이처럼 아무것도 할 수 없을까봐 무척 걱정했지만 이제 아니라는 것을 알았거든요.

저는 그것이 성장이라고 생각해요. 새로운 것들을 느끼고, 느끼고, 또 느끼는 것이요.

## 저는 자궁에서의 감각을 기억해요



가장 재미있는 것은요, 제가 태어나기 전에 알았던 감각들이랍니다. 제가 더 이상 자궁이라는 방에 있지 않아도 저는 그때의 감각들을 느낄 수 있어요. 그게 어떻게 가능한지는 모르겠지만 저는 그 감각들을 기억하고 아주 깊이 느끼고 있답니다.

어느 날 엄마는 소아과 선생님에게 제가 엄마 배 속에 있을 때부터 간직하고 있는 것들에 대해 물어봤어요. 선생님은 엄마에게 제가 하나의 기억으로 그 감각들을 지니고 있고 그것은 영원히 제 안에 새겨져 있을 거라고 말했어요.

하지만 그 감각들은 무의식적인 것이고, 다시 말해 시원적 기억 중 하나라고 했어요. 거기서 저는 포기하고 말았어요. 도무지 이해할 수가 없었거든요.

뭐 괜찮아요. 중요한 것은 엄마 배 속에서의 제 삶과 엄마 배 속에서 나온 후의 제 삶 사이에 계속 이어지는 무언가가 있다는 것이니까요. 제가 기억을 하든 못하든 그것이 존재하고 있다는 게 가장 중요하다고 생각해요.

맞는 말이에요. 저는 똑같은 순간들을 느끼고 있고 그것은 제가 계속되는 존재라는 것을 알아 가는 데 큰 도움을 줘요. 비록 제가 느끼는 것이 예전과 같은 통로로 지나가지 않는다고 해도요.

저는 이 새로운 생활이 좋아요. 제가 손을 가지고 했던 경험을 여러분도 기억하시죠? 그 경험 이후로 저는 새로운 것들을 더 많이 시도하고 있답니다. 저는 여전히 서툴고 그렇게 빨리 발전하고 있지는 않지만 그래도 이제 제 머리를 가눌 수는 있어요. 저는 그게 좋아요. 덕분에 이제 저는 더 멀리, 더 오래 볼 수 있거든요.

저는 얼굴과 사물을 인식하고 구분할 수 있어요. 네,

그래서 그것들을 잡고 싶은 마음이 들기 시작했죠. 하지만 제가 팔을 쓰려고 하면 팔이 제 말을 듣지 않아요. 반대로 누군가가 제 손에 무언가를 놔주면 저는 그것을 세게 잡고 꽤 오랫동안 손에 쥐고 있을 수 있고요.

## 아빠가 저를 제 방으로 돌려보냈어요



저는 제 입에 대해서도 말하고 싶어요. 입에 대해서는 할 말이 아주 많거든요. 제가 입을 가지고 놀 때가 있는데, 그때 저는 정말 당황스러운 발견을 했어요. 그 발견은 저를 불쾌한 기분에서 조금은 벗어나게 해줬죠.

특히 제가 혼자 기다릴 때 그것이 쓸모가 있어요. 그러니까 젖 먹는 시간도 아니고 아무도 제 곁에 없을 때 말이에요. 아, 제가 여러분에게 말한다는 걸 깜빡했네요. 아빠가 저를 제 방으로 돌려보내는 데 성공했답니다.

저는 아빠를 원망하지 않아요. 아빠는 참을 만큼 참

왔고 저도 이제 곧 태어난 지 4개월이 되니 제 아파트 하나쯤은 가질 때가 됐죠 뭐.

사실 그건 잘된 일이에요. 저도 이제 조금은 혼자만의 시간을 갖게 되었으니까요. 아기에게 혼자만의 시간이 왜 필요한지 모르겠다고 말하는 사람들에게 저는 즉시 반박할 수 있어요. 아기 전문가들의 말을 빌리자면 아기도 완전히 분리된 하나의 인격체예요. 저는 아기들도 혼자 있을 수 있는 권리가 있다고 말하고 싶어요.

물론 저는 여러분이 아기를 혼자 두는 시간을 너무 과도하게 쓰지 않을 거라고 믿어요. 그 시간을 적당히 활용할 수 있다면 서로에게 그보다 더 좋을 수는 없을 거예요.

그럼 이제 다시 제 입 이야기로 돌아가볼게요. 저는 여러분에게 우리 안에 있는 모든 것을 목록으로 만들어 보라고 권하고 싶어요. 그러면 목록에 쓸 만한 무언가가 있다는 것을 알게 되실 거예요.

우리는 미끄러운 것, 단단한 것, 부드러운 것, 홈이 파인 것, 볼록 솟은 것, 텅 빈 것, 물 같은 것, 바람 같은 것, 고정된 것, 움직이는 것 등을 발견할 수 있겠죠. 그러니까 혀, 잇몸, 입천장, 입술, 목 같은 것들 말이에요.

그 모든 것들을 가지고 저는 할 일이 너무 많아요. 예를 들면요, 저는 제 혀를 입속의 빈 곳마다 통과시키면서 놀거나 혀를 바깥으로 길게 빼면서 놀아요.

또 아주 말랑말랑해진 입술을 벌리고 있기도 하는데, 그러면 입안에서 침이 나와요. 그리고 저는 그 침이 흘러서 제 턱과 목을 지나고 있다는 것을 느끼고 그 위에 제 손가락을 대보죠. 그러면 손가락이 흠뻑 젖어요.

어떤 때는 제 손가락을 코와 뺨, 어떤 때는 제 이마에 가져다대기도 해요. 반대로 제가 입술을 아주 세게 다물면 저는 아주 단단해져요. 심지어 제 팔, 다리, 배 모든 곳이요.

저는 제 몸을 때로는 단단하게 때로는 말랑말랑하게 만들면서 놀아요. 그리고 그걸 아주 여러 번 반복하죠. 저는 단단해지기도 하고 말랑말랑해지기도 해요. 그게 너무 재미있어요!

곧 피곤해지지만 기분 좋은 피곤함이랍니다. 꼭 체조를 한 것처럼요. 4개월 아기의 체조라고나 할까요? 그러고는 종종 털썩 주저앉아요. 아플 것 같을 때는 빼고요.

한번은 제가 모르고 제 살을 물었던 적도 있답니다. 저는 아직 이가 안 나서 제가 뭘 했는지 잘 모르겠지만 제 살을 조금 물긴 했어요. 저는 아프고 놀라서 소리를 질렀고 진정할 수가 없었어요.

엄마는 걱정을 한가득 안고 제게 달려왔고 이내 저를 품에 안아주었어요. 저는 그게 참 좋았어요. 엄마가 저를 다시 엄마 배 속으로 집어넣고 싶다는 듯이 저를 꼭 끌어안아줬거든요. 저는 코를 엄마에게 파묻고 엄마는 저를 가만가만 달래며 제 엉덩이를 받치고 안아주었죠.

그리고 저는 엄마 품이 너무 좋아서 몸을 움츠리고 다리를 욕조에 들어갈 때처럼 오그렸어요. 그러면 저는 다시 엄마의 배 속에 있는 작은 공이 된 것만 같답니다.

하지만 이제는 엄마의 배 속이 아닌 엄마의 배 위에서 그러고 있는 거예요. 그리고 가장 좋은 것은 엄마가 몸을 좌우로 흔들며 걸을 때에요. 그것은 엄마의 배 속에서의 생활을 떠올리게 해주는 즐거운 느낌이랍니다. 제가 엄마 배 속에 있었을 때 그것은 마치 파도 같았어요.

그리고 어느 날 엄마는 제게 '물 위에 떠 있는 배' 같은 노래와 비슷한 자장가를 불러주면서 천천히 앞뒤로 움직였어요. 저는 하늘에 둥둥 떠 있는 것처럼 행복했어요! 전에는 느껴보지 못한 근원으로 돌아가는 기분이었죠. 엄마가 어떻게 그런 행동을 했는지 모르겠지만 엄마는 너무나 대단해요.

## 혼자서 무언가를 할 줄 알아요



제가 여러분에게 이야기하고 싶은 것이 있어요. 저는 제 삶을 계속 이어가기 위해 오롯이 혼자의 힘으로 무언가를 하는 것을 좋아하게 되었어요. 설령 그게 잘 안 된다 해도 엄마나 아빠가 바로 제 곁에 있다는 것을 알게 되었고요.

그래서 저는 더욱 안심하고 용기 있게 더 많은 것을 할 수 있어요. 저는 용감하게 잘 자라고 있어요.

어느 날 어린이집에서 친구들과 함께 있었을 때의 일이에요. 제 옆에는 크게 무언가를 하지 않는 친구가 한 명 있었죠. 그 친구는 자기를 바닥에 잠시라도 내려놓으면 바로 울음을 터뜨렸어요. 그건 모두에게 정말 피곤한 일이었죠.

어린이집 막내 선생님은 그 친구를 내려놓지 못하고 그 애가 진정하기를 바라면서 계속 안고 있었어요.

저는 그 애가 짜증을 내는 게 아니라 갈피를 잡지 못하는 거라고 생각해요. 그 애는 혼자서 무언가를 할 줄 몰랐으니까요. 그 친구의 마음은 평온하지 못했고 그 말은 결국 그 친구의 몸도 평온하지 못했다는 거겠죠.

그에 대한 제 생각은 이래요. 제가 새로운 경험을 많이 하고 스스로를 돌보면서 기다릴 수 있었던 것은 제가 필요로 하면 엄마나 아빠가 제 곁에 있을 거라고 믿었기 때문이에요.

이제 엄마 아빠도 제가 울면 제가 아픈지, 그저 엄마 아빠를 필요로 하는 것인지, 단순히 떼를 쓰는 것인지, 안아달라고 하는 것인지를 잘 구분해요. 엄마 아빠는 저를 이해하고 제가 한 경험을 전달하는 저만의 방식을 잘 해석하죠.

가끔 기다리는 시간이 너무 길어지거나 제 몸이 울

고 싶어 하면 저에게는 작은 의심이 일어나는데, 바로 그때 제가 가지고 있는 확신에 기대요.

그래요, 제 몸은 울 수 있어요. 눈물로 우는 게 아니라 긴장된 근육, 빨개졌다 하얗게 질리는 제 피부, 아니면 더 빨리 흐르면서 제 심장을 미친 듯이 뛰게 하는 제 피로 울어요.

그렇게 제 몸은 제 안에서 괴상한 소리를 내죠. 그런 것들에 잡아먹히지 않고 또다시 제 몸이 천 개의 조각으로 흩어지는 느낌을 받지 않으려면 서둘러 제 스스로 진정해야 해요.



그런 불쾌한 느낌은 결코 멀리 있지 않아요. 그 순간 제가 진정할 수 있는 유일한 방법은 그냥 엄지손가락을 빨거나 입에 손수건을 대고 조금 빠는 것밖에는 없어요.

다른 이야기를 조금 해볼게요. 제 친구들 중에는 공갈 젖꼭지를 빠는 애들이 있어요. 그 애들의 엄마 아빠가 그걸 준 거죠.

또 다른 어떤 애들은 짜증을 잘 내고 빨 수 있는 자신의 엄지손가락이나 손을 찾지 못해요. 그 애들도 저처럼 무언가를 빨면 빨리 마음의 안정을 되찾을 수 있을 텐데요.

그런 순간에 저는 이성적으로 이렇게 생각하는 거예요.

'그래, 엄마가 올 거야. 엄마는 늘 그랬으니까.'

아, 제가 이성적이라고 말한 것이 조금 잘난 척을 하는 것처럼 보이겠네요. 사실 그걸 이성이라고 말할 수는 없을 거예요. 저는 아직 너무 어리니까요.

하지만 그 생각이 제 본능에 영향을 준다고는 할 수 있겠죠. 저는 제 생각보다 훨씬 안정감을 느껴요. 제가 더 크면 저는 분명 이성적으로 생각할 수 있을 것이고 엄마 아빠를 잃어버릴지도 모른다는 두려움 없이 제 친구들과 학교에 다닐 수 있을 거예요.

그럼 저는 저를 데리러 올 엄마 아빠를 떠올리겠죠. 이 모든 것을 경험하느라 제가 참 바쁘네요. 하지만 걷기도 전에 뛸 수는 없잖아요. 저는 아직도 해야 할 일이 엄청나게 많답니다.

## 엄마 아빠의 칭찬이 용기를 줘요



어느 날 엄마는 저의 성장을 도와야겠다는 생각으로 제게 아기 체육관을 사줬어요. 그것은 아주 많은 모양과 색깔이 있고 근사한 재질로 되어 있는 커다란 천으로 만들어졌어요.

저는 "엄마, 나는 이미 그런 장난감이 있어요. 제 입이요"라고 말해서 엄마를 실망시키고 싶지 않았어요. 제가 알아서 잘하고 있기 때문에 엄마가 그런 것에 돈 쓰기를 원하지 않는다고 말하는 것은 그리 착한 일이 아닐 거라 생각했어요.

또 그게 꼭 맞는 말이 아니기도 하고요. 저는 아기 체육관이 보완적인 역할을 한다고 생각해요. 그렇게 해서 저는 이쪽에는 손을 빼는 제 입을, 저쪽에는 제가 많은 것을 발견할 수 있는 아기 체육관을 갖게 되었죠.

그런데 아기들에게 이런 장난감을 사주는 일은 엄마 아빠에게는 종종 다툼거리가 돼요. 아기들에게 장난감을 사주어야 할까요? 말아야 할까요?

몸은 우리 아기들의 첫 번째 장난감이에요. 하지만 우리는 다양한 재질로 된 알록달록한 물건들을 가지고 놀면서 다른 세상을 만나는 것도 좋아한답니다.

그러니 아기들이 즐겁게 혼자 노는 것을 못마땅하게 여길 필요도, 엄마 아빠가 아기들에게 장난감을 사주며 누릴 수 있는 즐거움을 빼앗을 필요도 없을 거예요.

엄마 아빠가 장난감을 살 때 가장 좋은 것은 엄마 아빠가 저와 함께 있는 것이랍니다. 그럴 때면 엄마 아빠와 저의 크기 차이가 확 드러나죠!

그 순간 모두 함께 있다는 것은 정말 멋진 일이에요. 엄마 아빠를 기쁘게 하는 것을 제가 이해하고 결국 느끼기 시작했으니까요.

예를 들면, 제가 알록달록한 작은 딸랑이를 손에 들고 꽉 쥐면 엄마 아빠는 저의 노력을 인정하고 제게 칭찬을 해줘요. 중요한 것은 칭찬이 아니라 우리가 함께한 시간이죠.

더구나 저는 엄마 아빠가 뭐라고 하는지 하나도 이해하지 못하는걸요. 엄마는 행복할 때면 몸으로 소리를 내요. 재빠르게 제 쪽으로 몸을 굽혔다가 다시 뒤로 젖히죠. 저는 그 움직임이 너무 좋아서 참을성 있게 그걸 기다려요. 그럼 저는 미소를 짓고 기분이 더 좋을 때는 소리내서 웃기도 하죠.



네, 저는 소리내서 웃기 시작했고 그 웃음이 엄마 아빠를 더 크게 웃게 한답니다! 지난번에 제가 웃었을 때는요, 엄마 아빠가 제 모습을 동영상으로 찍어서 전 세계로 보내는 것 같았어요. 엄마 아빠가 그 동영상을 유튜브에 올렸거든요.

그 후 저는 다시 딸랑이를 잡기 시작했어요. 그냥 엄마의 행복한 움직임을 다시 한 번 보고 싶고 저도 그 감정을 느끼고 싶어서요. 그런 경험들이 제게 용기를 주니까요.

저는 우리 사이에 일어나는 일들이 너무 좋아요. 저는 장난감을 가지고 노는 만큼이나 엄마 아빠가 느끼는 감정을 함께 느끼며 논답니다. 제가 분명히 말하는데요, 제 나이에는 모든 것이 장난감이 될 수 있어요. 네, 정말이에요. 감정도 하나의 장난감이 될 수 있다니까요.

엄마 아빠 둘 다 저에게 용기를 북돋아주지만 특히 아빠는 그 방면에서 최고예요. 노는 것에 관해서라면 아빠의 존재감이 정말 크거든요. 아빠는 제가 완전 똑똑하다고 생각해요. 저는 알 수 있어요. 아빠의 눈이 제게 손뼉을 치고 있거든요. 정말로 눈빛은 손처럼 일할 수 있어요.

저는 그 눈빛을 아주 좋아해요. 저는 제 안에서 그 눈빛을 볼 수 있어요. 거울에 비춘 것처럼 보이는 건 아니지만 제 안에서 그 눈빛을 떠올릴 수 있답니다.

여러분은 이제 제가 어떻게 성장하고 있는지 아시겠죠? 저는 저를 성장시키는 경험을 제 마음속에 간직하고 있어요. 제가 제 안에 가지고 있는 저에 대한 이미지, 그것은 제가 느끼고 있는 이미지예요. 복잡하면서도 단순하죠. 그 이미지는 저에게 자신감과 자존감을 만들어줘요.

자존감에 대해서 아시나요? 자신에 대한 사랑이죠. 가장 높은 곳에 있는 중요한 것이라고 할 수 있을 거예요.

우리는 자기 자신을 사랑해야만 다른 것들을 사랑할 수 있어요. 내가 아닌 다른 것들…. 우리 마음속 깊은 곳에서부터 시작된다고 말하는 수많은 것들이요.

자존감은 제 안에 자리 잡고 있어요. 저는 그것을 어른의 세계로 들어갈 때 반드시 가져가야 할 필수품이라 여기며 다가올 미래를 위해 제 안에 고이 간직할 거랍니다.

# 혀는 제 입속에 있는 손이에요



우리 아기들이 성장하기 위해 해야 할 일들이 무척 많답니다. 하지만 저는 아직 너무 작아서 제 모든 감각으로 세상을 느껴야 해요. 그러니까 제 눈으로 만이 아니라 제 피부, 귀, 입으로 세상을 본다는 말이에요.

바로 그것이 어른들과 저의 가장 큰 차이점이죠. 그리고 저의 감각들은 서로 만나고 있어요. 그런 마술 같은 만남 덕분에 저는 저를 둘러싸고 있는 것들을 추측할 수 있죠.

예를 들면, 저는 제 피부로 듣고 제 입으로 보는 것

을 좋아해요. 그래요, 저도 참 못 말리는 아기죠. 그 증거는요, 누군가가 제게 무언가를 내밀면 저는 그것을 가까스로 고정시키고 손으로 잡아요. 제 손은 이제 제법 튼튼해져서 세게 잡을 수 있게 됐거든요.

그리고 그것을 제 입으로 가져가요. 제가 겨우 태어난 지 두 달이 되었을 때 제가 혀로 잇몸을 발견했던 것과 같은 방식으로 그 사물이 무엇인지 알아보죠. 그 주변을 혀로 만져보면서요.

그래요, 혀는 제 입속에 있는 손이에요. 저는 제가 그 물건을 더 좋아할 수 있도록 그 위에 침을 흘려요. 그런 다음 저는 그 물건을 혀로 핥고 입술로 물고 때때로 제 입에 집어넣기도 해요.

엄마 아빠는 제가 그러는 걸 별로 좋아하지 않아요. 그러다가 제가 숨이 막힐까봐 걱정하는 거죠. 하지만 저는 그렇게 무모한 아기가 아니랍니다! 저는 제가 너무 지나치거나 토할 것 같은 때를 잘 알아요.

제가 즐기는 것은 형태를 느끼는 것이랍니다. 입으로 형태를 더 잘 느낄 수 있어요. 사실 형태에 대해서는 잘 모르지만 나중에 학교에 가면 형태라는 것을 배우겠죠. 수학에서 그 형태가 필요할 것 같고, 또 다른 것들에서도 마찬가지겠죠. 저는 이제 사물을 느끼고 그것의 크기와 길이, 무게 같은 것들을 가늠해본답니다. 학교에서 그런 것들을 배우기도 훨씬 전에 무게를 재보고 길이를 측정해보고 있는 것이나 다름없죠.

게다가 그건 정말 굉장한 일이라고요. 제가 허튼소리를 하는 게 아니에요. 부모님들에게 아기의 이 시기가 얼마나 중요한지 더 많이 알려지지 않은 것 같아 속상할 지경이라니까요.

저는 그저 옹알대거나 젖을 빨거나 웃기만 하는 아기가 아니에요. 저는 어린이가 될 준비를 하고 있다고요! 아기에서 어린이가 되기까지는 한 걸음만이 남았을 뿐이에요. 한 번뿐인 위대한 걸음이요.

저는 정말로 부모님들이 이걸 알아주셨으면 해요. 우리 아기들은 이성적으로 생각하기 전에 먼저 몸으로 느낀다는 것을요. 저희가 아직 말을 하거나 깊게 생각하는 나이는 아니지만, 저희는 살아가면서 마주치는 모든 것들을 느끼고 있답니다. 우리는 몸으로 경험해요. 그리고 그 경험은 강력해서 평생 우리에게 남아 함께 머물죠.

우리가 생각할 수 있는 건 다 몸 덕분이에요.

또 다른 예가 있어요. 저는 젖을 먹을 때, 처음에는 배가 고파서 한 방울도 흘리지 않아요. 하지만 배가 차기 시작하면 저는 우유를 안에 놨다 바깥에 놨다 하면서 재미있게 놀아요. 제가 입술을 세게 다물면 우유는 제 몸 안으로 흐르지만 제가 입술을 너무 크게 벌리면 우유는 제 피부 위로 흘러내리죠.

제가 우연히 저에게 안과 밖이 있다는 사실을 발견했다는 것을 여러분은 기억하실 거예요. 그래요, 저는 이제 5개월에 아직 이도 없지만 이미 제 안에 공간을 가지고 있는 거예요. 그러니까 저에게는 경계가 있는 거라고요. 저에게는 주변이 있고 단단하고 말랑말랑한 온전한 하나예요!

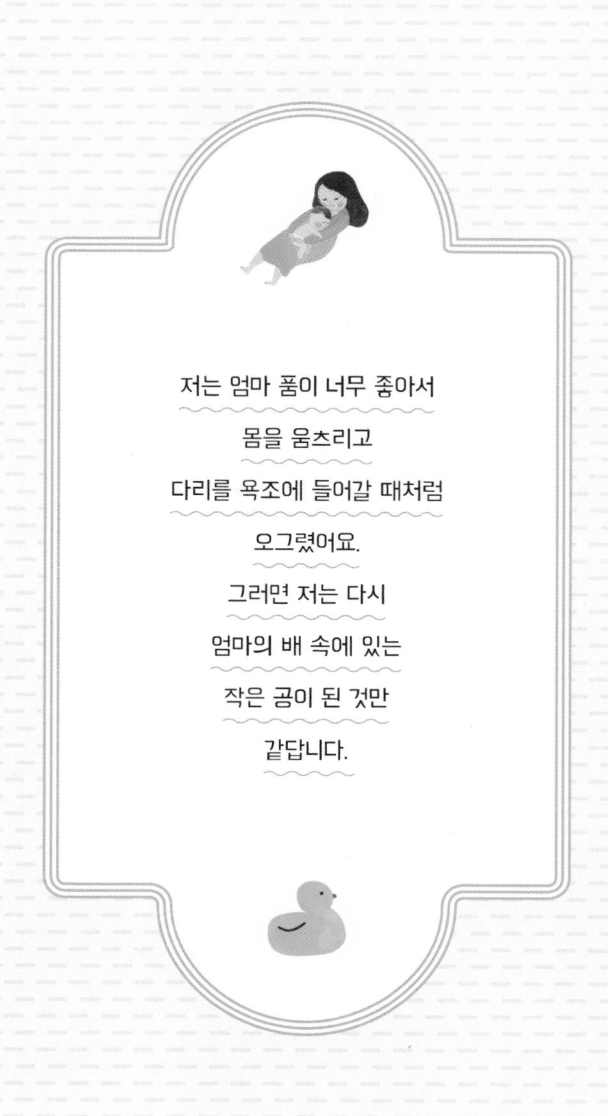

저는 엄마 품이 너무 좋아서

몸을 웅츠리고

다리를 욕조에 들어갈 때처럼

오그렸어요.

그러면 저는 다시

엄마의 배 속에 있는

작은 공이 된 것만

같답니다.

# 다섯번째 이야기

# 저의
# 속도를
# 지켜
# 주세요

SPEED
LIMIT
SPEED
LIMIT

SPEED
LIMIT

SPEED

모두가
자기만의 속도를
가지고
있어요

이 모든 것이 단 5개월 만에 이루어졌다는 것은 정말 깜짝 놀랄 일이에요. 아직 끝난 게 아니에요. 끝나려면 아직 멀었는걸요?

얼마 전부터 저는 활발히 움직이기 시작했고 집중을 하면 제 몸을 뒤집을 수 있는 단계까지 오게 되었어요. 저는 제 의지로 그걸 해냈고 동기 부여가 충분히 되었답니다. 저에게는 경이로운 그 무엇, 그러니까 성장하기 위한 본능적 욕구가 있어요. 그래요, 본능적 욕구요. 그것은 하나의 도전, 욕망, 바람 같은 것이죠.

모든 것은 시간의 문제예요. 과감히 무언가를 해보기 위한 시간, 경험하기 위한 시간, 원하는 만큼 무언가를 다시 해볼 수 있다는 것을 확신하기 위한 시간이요.

혼자 앉으려고 하는 시도 같은 거랄까요. 제 등과 옆쪽에 튼튼한 쿠션이 놓여 있으면 저는 거의 똑바로 앉아 있을 수 있어요. 얼마 못가서 쓰러지긴 하지만요. 제 머리가 지탱하기에 조금 무겁거든요.

여전히 똑같은 상황이지만 저는 무척 의욕적이에요. 제가 앉을 수 있게 되면 엄마 아빠가 조금 더 편해질 거라는 걸 잘 알고 있어요.

그래서 엄마 아빠가 저를 덜 안아줄까봐 걱정이 되기도 해요. 당연한 거겠죠. 저도 알고 있지만 당연한 것이 꼭 좋은 것만은 아니잖아요.

저는 가능한 한 모든 것이 아주 늦게 이루어졌으면 해요. 제가 무언가를 혼자 할 수 있게 되어도 엄마 아빠는 제가 그것을 할 줄 모른다는 듯이 행동해주길 바란다는 걸 엄마 아빠가 알았으면 좋겠어요.

## 더 이상 불안하지 않아요



제가 앉을 수 있는 능력에 대해서 자세히 얘기해볼게요. 제가 앉을 수 있게 된 것은 당연히 앉아야만 해서도 아니고 제가 좋아하는 엄마 아빠의 품에 더 이상 안기면 안 돼서도 아니에요. 제가 엄마 아빠의 품을 더 좋아한다는 것을 알아주세요. 그래서 두 가지 방법을 번갈아가면서 해야 한다는 것도요.

제가 성장하는 것과는 별개로 저의 현실적인 욕구 역시 인정해주어야 한다는 말을 하고 싶어요. 저는 아기잖아요. 때때로 저는 원해요. 때때로 원하지 않고요.

제가 할 줄 아는 무언가를 하려고 하지 않을 때, 사람들은 제가 퇴행한다고 말해요. 제가 뒤로 뒷걸음질치고 있다는 듯이 말하죠.

하지만 그게 아니에요! 퇴행이라니, 절대 아니에요. 퇴행이라는 말에는 부정적인 의미밖에 없잖아요. 제가 뒤로 물러나는 건, 이미 알고 있는 사실에 잠시 머물러 있기 위해서예요. 그다음에는 '영차!' 하면서 제가 모르는 사실로 다시 나아가죠.

제가 저의 과거 속으로 잠시 물러나 있는 거라고 말할 수 있을 거예요. 그렇게 저는 성장하기 위해 스스로를 다독이고 저의 성장에 꼭 필요한 잠깐의 물러나는 시간을 견디기 위해 노력해야 한답니다.

그런데 저는 제 친구 중에 성장하기를 거부하는 아이들을 본 적이 있어요. 어린이집에 가면 그런 친구들이 있죠. 그 친구들은 저와 같은 또래인데도 혼자 있을 때 어떻게 해야 하는지를 몰라요.

그 방면에서 저는 단연 돋보이죠. 그 친구들은 분명 혼자 헤쳐나갈 수 있는 기회를 한 번도 갖지 못했을 거예요. 사람들은 그 친구들을 그냥 아기로만 대했겠죠.

더구나 그 친구들은 혼자서 몸을 뒤집지도 못해요.

저는 그것이 불안감 탓이라고 말하고 싶어요. 불안감은 아기와 그 부모들에게 가장 큰 적이에요. 바로 그것 때문에 이성적인 부모가 되지 못하고 불안한 부모가 되고 마니까요.

모든 것을 불안해하는 부모 말이에요. 그런 부모들은 모든 곳에 위험이 도사리고 있다고 느끼면서 아기를 보호하는 데 자신의 모든 에너지를 쏟아붓죠. 하지만 그건 과보호예요.



그것은 이성과 감정의 싸움이고 그 싸움에서 이기는 쪽은 감정이죠. 그렇게 감정과의 싸움에서 이성을 잃은 부모는 걱정에 사로잡히고 말아요. 우리를 둘러싼 환경에 대한 모든 해석은 그들을 지배하고 있는 감정의 필터에 걸러지죠.

그것은 모두를 힘들게 하는 거예요. 그것 때문에 부모들은 아기를 돌보는 일이 고되고 지칠 거고 우리 아기들은 성장하기 위한 내면의 싸움을 해야 해요.

그래요, 우리 아기들의 입장에서 생각해보세요. 우리가 성장하려면 엄마 아빠를 걱정시킬 것이고, 성장하지 않는다면 엄마 아빠를 힘들게 할 거예요.

무엇을 선택해야 할까요? 그것이 문제네요. 그 질문을 스스로에게 던지며 자리를 뜨지 못하는 사람들도 있을 거예요.

저는 엄마 아빠와 그런 문제를 겪지 않아요. 엄마 아빠는 이제 더 이상 불안해하지 않으니까요. 엄마 아빠는 저에게 해주고 싶은 것들을 계속하면서도 차분하게 다른 사람들의 조언을 들을 수 있게 됐어요.

저는 엄마 아빠가 자랑스러워요. 그 전에 엄마 아빠는 훨씬 예민했고 안절부절 못했거든요. 그러면서 끊임없이 스스로에게 이렇게 질문했죠.

'사람들은 내가 어떤 부모가 되기를 바랄까?'

하지만 저는 엄마 아빠가 스스로에게 이런 질문을 던지는 것이 참 좋아요.

'나는 어떤 부모가 되고 싶은가?'

## 절대 서두르지 마세요



엄마 아빠의 가장 큰 문제는 바로 시간과 관련되어 있어요. 더 서두르다가는 죽는다고요! 엄마 아빠는 계속 뛰어요.

그런데 이 문제에 대해서 우리가 바라는 것은 정말 달라요. 특히 아침과 저녁에요. 스트레스에 대해서 말하는 게 아니에요. 제가 스스로 어떤 것도 시도할 수 없는 상태라는 것을 말하고 싶은 거예요.

엄마 아빠는 그저 이 생각뿐이거든요. '시간을 낭비하지 않고 준비해야 해.' 그 결과요? 엄마는 제게 순식

간에 우유병을 물리고 아빠는 제게 대충 옷을 입혀줘요. 그렇다고 아빠가 저를 아프게 하지는 않아요. 그런 얘기를 하려는 게 아니에요. 저는 그저 제가 제게 어떤 일이 일어나고 있는지 느낄 만한 시간이 없다는 걸 말하려는 거예요.

저는 이제 겨우 눈을 떴을 뿐인데 외투는 이미 제 목까지 걸쳐져 있어요. 아주 따뜻한 우주복인데 그걸 입으면 몸이 둔해져요. 어휴, 이런 옷을 입고 안정을 찾으려고 손가락을 빨고 있는 제 꼴을 한번 상상해보세요.

저는 이 시간이 정말 싫어요. 그러고 나면 저는 아침 시간 전부를 저만의 속도를 찾는 데 써버릴 정도로 스트레스를 받는답니다.

그런 날은 저를 돌봐주는 선생님이 제가 잘 먹지 않았다거나 뾰로통해 있었다고 엄마 아빠에게 말해줘요. 그럼 엄마 아빠는 그저 제가 괜찮은 건지 알아보려고 의사 선생님에게 데려갈 생각 밖에 하지 않아요.

엄마 아빠는 그 이유를 '스피드 버거(프랑스의 햄버거 프랜차이즈-역주)'에서처럼 모든 것이 빠르게 지나가는 아침 시간에 연관시킬 겨를이 없는 거 같아요.

"어서 오세요, '스피드 버거'입니다. 무엇을 드릴까요?"

"엄마 아빠 그리고 딸이요."

"잘 고르셨네요!"

의사 선생님은 제가 아주 잘 지내고 있다고 말했어요. 저였어도 엄마 아빠에게 그렇게 말했을 거예요. 그건 사실이니까요!

## 알아요, 최선을 다하고 있다는 것을



엄마 아빠는 정말로 완벽해지려고 해요. 그에 대해 저는 어떤 불평도 하지 않을 거랍니다. 제 친구들 대부분의 부모님들이 그렇듯이 엄마 아빠도 저에게 최선을 다하고 있으니까요.

우리를 똑똑하고 행복하게 해주려고 부모님이 들이는 수고는 정말 상상을 초월해요. 저는 부모님의 그런 마음을 철저하게 이용하는 사람들이 있다는 것을 알고 있어요. '행복한 아기의 좋은 부모가 되는 10가지 방법' 같은 책 세트를 파는 사람들 말이에요.

부모가 되었다면 그것은 스스로 터득할 수 있는 것이에요. 그 책에는 좋은 의미를 지닌 조언들이 아주 많이 있죠. 부드럽게 이야기할 것, 감정을 조절할 것, 조용히 말할 것, 자존감을 높일 것…. 다 사실이고 다 맞는 말이에요.

다만, 그것에 도달하는 방식은 아주 개인적이라서 각자가 맺고 있는 관계에 따라 달라질 수밖에 없어요. 우리 엄마 아빠가 제 친구들의 엄마 아빠와 같지 않으니까요. 부모는 모두 다르기 때문에 각자의 방식에 따라 자기 자신을 지키면서도 어떻게 아이와 평온하게 지낼 수 있을지를 생각할 수 있을 거예요.



제가 걱정하는 게 뭔지 아세요? 제가 '우리 엄마 아빠'를 잃어버리고 그 자리를 '그냥 엄마 아빠'가 차지하게 되는 것이요. 제가 괜한 걱정을 하고 있는 걸까요?

## 저의 속도를 지켜주세요



제가 저만의 행복한 아기 일기를 써야 한다면, 저는 제일 먼저 아침에 더 많은 시간을 달라고 할 거예요. 눈을 뜨기 위한 시간 말이에요. 모든 것이 부드럽다는 느낌 속에서 색깔, 냄새, 소리를 느끼며 잠자리에서 일어나고 싶어요.

저는 잠자리에서 갑자기 일어나는 게 싫어요. 그러면 꼭 제 작은 둥지가 헤집어지는 것 같거든요. 네, 제 침대는 꼭 둥지 같답니다. 그리고 저는 엄마나 아빠의 목소리가 앞으로 일어날 상황을 저에게 미리 알려주는 것을 좋아해요. 그 말들이 제가 제 침대를 떠날 수 있도록 준비시키는 것 같거든요.

그러면 저는 다시 활발하게 움직이는 제 몸을 느끼면서 주변을 쳐다보기 시작하겠죠. 저는 그 시간이 너무 좋아요.

저는 제 시야에서 발견한 사물들을 오랫동안 쳐다봐요. 그것들을 제 눈에 담아두고 어제 있던 자리에 그대로 있다는 것을 기억하기 위해서요. 그러면 저는 안심할 수 있죠.



그러고 나면 저는 제 침대를 떠날 수 있어요. 이것이 바로 제가 아침에 제일 먼저 즐기는 달콤한 순간이에요. 이제 제가 어떻게 그 달콤함을 즐기는지 아시겠죠. 잠에서 깨어나 제가 이미 알고 있는 것들을 다시 발견하는 시간을 갖는 기쁨 말이에요.

엄마와 아빠가 일하러 가는 것은 제게 그리 문제가 되지 않아요. 어쨌든 엄마 아빠는 자신들이 없는 동안에 제가 보낼 하루의 계획을 잘 짜놓았으니까요.

그래도 엄마는 저를 떼어놓을 때 조금 짠한 마음이 드나봐요. 제가 볼 때 아빠보다 더한 것 같아요. 아빠가 저를 어린이집에 맡길 때 슬퍼하는 모습을 보이지 않는다는 것은 그저 오해일 거예요. 더구나 저에게는 그리 놀랄 일도 아닌걸요. 아빠는 그러니까…때때로 더 수줍어하는 거 같아요. 그래요, 모든 것은 그냥 추측일 뿐이죠.

확실한 것은 엄마가 마음 아파한다는 것을 제가 알고 있다는 것이에요. 게다가 어떤 날에는 엄마가 저보다 훨씬 더 마음 아파해서 저는 그냥 엄마에게서 멀리 떨어져 버렸어요.

어느 날 아침에 저는 엄마의 눈가에 맺힌 눈물을 봤어요. 그걸 보고 마음이 좋지 않았지만 엄마는 다행히 아무것도 바꾸지 않았어요. 선생님이 다 잘될 거라고 말하며 엄마를 안심시켰거든요. 선생님은 정말 대단해요. 선생님은 정확한 말을 찾은 거예요. 실제로 저는 하루를 꽤 잘 보냈으니까요.

## 새로운 시도를 즐겨요



저는 저의 행복한 하루 중에서 더 여유로운 아침 시간 이외에 저를 위한 시간을 더 가질 생각이에요. 그래요, 여러분이 놀라실 수도 있겠지만 제가 손을 빨 수 있다는 것을 발견한 그날, 그 몇 초를 제가 얼마나 좋아했는지 기억하실 거예요. 너무나 아름다운 하루였죠.

그 후로 저는 무언가 시도하기를 좋아해요. 특히 제가 좋아하는 것은 제가 변하는 것을 느끼는 것이랍니다. 제가 성장할 때마다 저는 또 다른 것을 시도하도록 저 스스로를 다독이는 힘을 얻어요.

하지만 그런 새로운 것들을 시도할 때마다 제 몸은 바짝 긴장해요. 제가 어떤 확신에 앞으로 나아가려고 결심하면 여지없이 새로운 의심이 불쑥 솟아오르죠.

성장에는 응원과 장애물이 존재하고 우리 아기들의 시도는 그 가운데에서 일어나고 있다는 것을 이제 아시겠죠? 우리는 성장하고 싶어 하는 동시에 그것을 무척 두려워한답니다.

그런데 제가 무언가를 해낼 때면, 저는 그것을 절대로 포기하지 않을 만큼 행복감을 느껴요. 그래서 제가 계속 용기를 낼 수 있는 거겠죠.

예를 들어볼게요. 저는 엄마 아빠가 제 우유를 준비하는 동안 기다릴 수 있게 되었고 그 덕에 제 몸이 온전히 하나가 되는 것을 느낄 수 있게 됐어요.

그리고 제 몸이 천 개의 조각으로 흩어질 것 같은 두려움도 조금씩 사라졌고요. 그것은 제가 경험을 통해 알게 된 것이고 무척 기분 좋은 느낌을 주죠.

그 기분 좋은 느낌은 무척 소중해요. 어떤 근본적인 느낌이죠. 저는 그 기분 좋은 느낌 덕분에 제 안에서 계속 무언가를 끌어낼 수 있을 것만 같아요. 제가 경험한 것에서 출발하여 과감하게 무언가를 시도하면서 저만의 속도로 천천히 만들어가는 진정한 자존감 말이에요. 그것은 영원히 제 내면의 힘이 되겠죠.

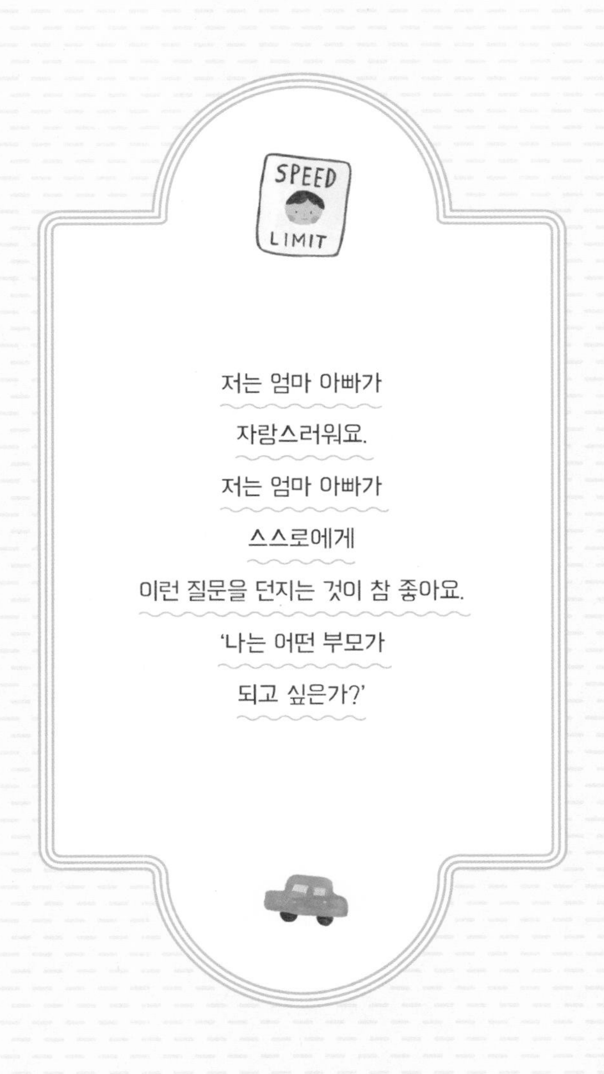


저는 엄마 아빠가

자랑스러워요.

저는 엄마 아빠가

스스로에게

이런 질문을 던지는 것이 참 좋아요.

'나는 어떤 부모가

되고 싶은가?'

# 여섯번째 이야기

# 저를
# 성장
# 시키는
# 놀이가
# 있어요

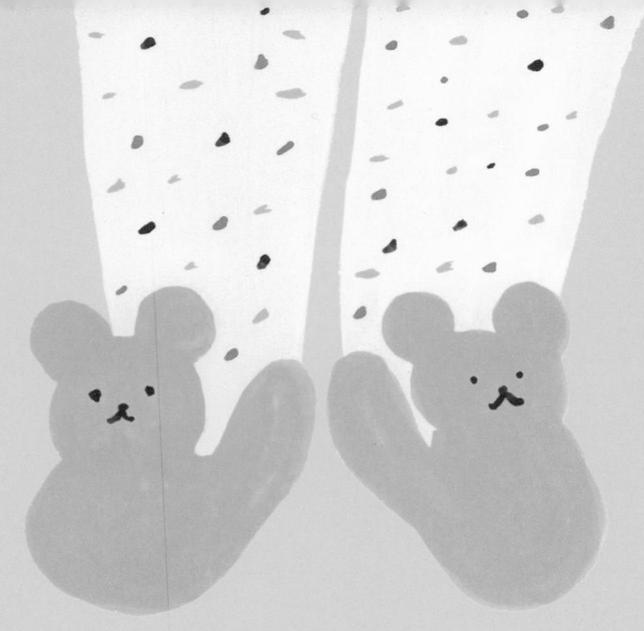

엄마 아빠의
응원이
있다면
저는
두려울 것이
없어요

## 그냥 엄마 곁이 좋아요



오늘로써 저는 태어난 지 6개월이 지났어요. 정확하게 말하면 이제 7개월이 된 아기죠. 이제 저는 온전히 하나인 제 몸으로 앉을 수 있게 되었어요.

그리고 제가 더 이상 엄마의 한 부분이 아니라는 것도 알게 되었죠. 엄마 아빠가 서로 다른 두 사람이라는 것도요. 엄마 아빠 외에 제가 좋아하는 다른 사람들도 구별할 줄 알아요. 어린이집 선생님, 할머니, 할아버지….

그런데 제가 아기 의자에 앉을 수 있게 되면서 다른 문제들이 보이기 시작했고 새로운 걱정이 생겼어요. 여러분에게는 우스워보일지 모르지만 저는 무언가를 잃어버릴까봐 두려워요. 저는 갑자기 그런 감정을 느꼈어요.

저는 엄마 쪽을 향해 앉아 있었고 엄마는 제게서 멀리 떨어져 무언가를 하고 있었어요. 그리고 저는 갑자기 허우적대기 시작했죠. 저는 엄마가 제 곁에 가까이 와주길 바랐어요.

저는 제가 뜯어먹던 빵 조각을 들고 있었고 허우적거리다가 빵 조각을 바닥에 떨어뜨리고 말았죠. 엄마는 그 소리를 듣고 돌아보며 제게 미소를 지었어요. 그러고는 제 곁에 가까이 와주었어요. 엄마는 빵 조각을 주워 제게 주고는 다시 멀어졌어요. 저는 엄마가 또다시 제게서 아주 멀리 떨어져 있는 것을 봤죠.

여러분에게 어떻게 얘기해야 할지 모르겠는데, 아무튼 저는 또 무척 걱정되었어요. 아니, 그보다 더했어요. 공황 상태가 되기 일보 직전이었다고나 할까요? 저는 허우적거리다가 다시 빵 조각을 떨어뜨렸고 엄마는 다시 제게 왔어요.

저는 그걸 여덟 번인가 아홉 번쯤 반복했고 그때마다 엄마는 제게 와주었어요. 처음에는 그냥 엄마가 제 곁에 있다는 게 좋았어요. 그다음에는 차츰차츰 엄마가 멀리 있어도 그 빵 조각을 던지면 엄마가 제 곁에 가까이 오는 게 너무 좋았어요. 그래서 저는 빵 조각을 던지기 시작했죠. 엄마는 그럴 때마다 제 곁에 와주었어요. 제 걱정은 이제 사라졌어요. 엄마가 항상 제 곁으로 와주었으니까요.

## 저를 성장시키는 놀이가 있어요



엄마는 재미있는 사람이에요. 엄마는 제 곁으로 올 때마다 큰 소리를 내면서 아주 크게 웃었어요. 오죽하면 아빠도 우리의 모습을 구경하러왔다니까요.

우리는 다 같이 한참을 웃었고 저는 빵으로 엄마를 부를 수 있는 사령관이 된 것만 같아 너무 좋았어요. 엄마를 제게 오게 하는 것은 저에게 하나의 놀이였어요. 저는 제가 그토록 두려워했다는 것을 완전히 잊어버렸으니까요. 저에게 참 좋은 놀이인 셈이었죠.

엄마는 제게 올 때 "우와아아아" 하는 소리를 냈어

요. 그와 동시에 저는 흥분으로 몸이 떨렸고요. 그 떨림은 제가 엄마 배 속에 있을 때 느꼈던 액체가 된 것 같은 느낌이에요. 저는 제 발끝까지 저를 느껴요. 게다가 제 다리는 아주 단단해져서 곧게 쭉 펴져요. 그럴 때면 다리들도 아주 행복해하는 것 같답니다.

제 다리들이 행복해할 수 있다는 걸 모르셨다고요? 하지만 저는 알아요. 그리고 저는 제 다리가 아주 단단해지고 강해졌다고 느낄 때가 참 좋아요. 제가 더 커다래진 느낌이 들거든요.

그러더니 엄마는 이제 빵 조각을 그만 던지라고 했어요. 엄마가 하고 있던 일을 끝내야 한다면서요. 엄마는 낮은 목소리로 더 이상 빵 조각을 주워주러 오지 않을 거라고 말했어요. 저는 울 것 같은 표정으로 입을 삐죽거렸지만, 엄마는 그만하라고 했어요. 엄마가 저만 쳐다보고 있을 수는 없다고 하면서요.

저는 그 말을 이해하지 못하겠어요. 엄마가 저를 돌보는 것 이외에 다른 할 일이 있는지 저는 알지 못하거든요. 저는 엄마의 하나뿐인 아기 아닌가요?

저는 엄마가 너무하다고 생각하면서 멀리 떨어져 다

른 일에 몰두하는 엄마를 쳐다봤어요. 그리고 빵 조각 던지기를 그만두었죠. 어쨌든 제 마음속에 저를 안심시키는 무언가를 갖게 되었으니까요. 제가 '무언가'라고 말한 건, 제가 안정감을 느꼈다고 말하고 싶은 거예요.

저는 안심했어요. 더 이상 두렵지 않았거든요. 마법처럼 저는 평화로움을 느꼈고 그래서 남은 빵을 조용히 다 먹었어요.

그런데 어느 날, 저는 또 그 행동을 했어요. 다시 보고 싶었거든요. 뭐가 보고 싶었냐고요? 그냥 우리가 함께했던 그 즐거운 공놀이를 다시 한 번 해보고 싶었던 거예요.

저는 몇 날 며칠 동안 물건이니 장난감이니 가리지 않고 제 손에 들고 있던 것들을 던졌어요. 저를 성장하게 하는 이런 놀이를 할 수 있다니 저는 운이 좋네요.

성장하는 것이 이렇게 단순하다고는 말할 수 없을 거예요. 하지만 우리가 그런 순간들을 경험할 수 있다면 그건 아주 굉장한 일이죠.

제가 아직 말을 할 줄은 모르지만 저는 엄마 아빠에게 이렇게 말해주고 싶어요. 모든 면에서 의존적인 저를 받아주고 제가 그것을 넘어설 수 있도록 도와줘서 고맙다고요.

제가 더 이상 두려움을 느끼지 않는다는 것은 저의 많은 친구들은 아직 갖지 못한 독립성에 대한 합격증 같은 것이랍니다.

멀리 있는 엄마는 똑같이 느껴지지 않고 똑같이 움직이지 않죠. 그리고 우리 같은 아기들에게 그건 정말 끔찍한 일이랍니다. 그럴 때면 엄마를 잃어버린 것 같기도 하고 우리에게 다른 엄마가 생긴 것 같은 기분이 드니까요. 겨우겨우 참아보기는 하겠지만요.



저는 여러분이 정말로 이걸 알아주셨으면 해요. 우리를 자라게 하는 것은 우리가 원할 때 가까이 다가오고, 우리가 원할 때 멀어지는 것이라고요. 네, 참 까다롭죠. 하지만 중요한 일인걸요.

## 성장이 두렵지 않아요



여러분도 알다시피, 저는 참 겁이 없어요. 제가 경험한 모든 발견들도 엄청난 것이고요. 어린이집 선생님도 제가 성장했다면서 저를 착한 아이라고 말했어요. 엄마 아빠는 그 얘기를 듣고 안심했죠.

제가 여러분에게 말했던 것처럼 엄마 아빠는 맞벌이를 하는 것에 죄책감을 느끼고 있고, 제가 엄마 아빠를 원망하며 행복해하지 않을까봐 걱정이 많았어요.

하지만 엄마 아빠가 괜한 걱정을 한 거죠. 저는 엄마 아빠가 직장 동료들, 친구들과 최대한 많은 시간을 보내는 것이 더 좋아요. 그런 다음 우리가 다시 만나서 함께 보낼 수 있는 시간을 갖는 게 좋고요.

제가 지나온 길을 돌아보면, 그럴 만한 가치가 있었다고 생각해요. 그 많은 새로운 것을 느끼는데 겨우 7, 8개월이라는 짧은 시간이 지났어요.

그렇지만 여러분은 저를 보면 깜짝 놀라실 거예요. 저는 엎드려서 기어다니고 심지어 낮은 테이블, 의자, 쿠션 같은 가구 위에 올라갈 수도 있어요. 제가 그토록 많은 움직임을 할 거라고 생각이나 했겠어요!

여러분은 저를 아직도 한 달된 아기와 다름없다고 생각하시겠죠. 둔한 제 몸 때문에 고통스럽게 소리치고 혼자서는 움직이지도 못한다고 하면서요.

하지만 그건 이미 까마득한 옛날이에요. 저는 이제 엄마 아빠의 도움 덕분에 제 맘대로 움직일 수 있는걸요? 저는 제 성장에 엄마 아빠의 도움이 있었다는 것을 명확하게 밝혀두고 싶어요. 제 나이에 엄마 아빠가 그걸 허용해주지 않고 용기를 주지 않았다면 저는 계속해서 우물쭈물하고 있었을 테니까요.

저를 믿어주는 엄마 아빠를 보면서 저는 특별한 내

면의 힘을 얻었고 그 힘을 통해 제 능력을 발전시키고 있어요. 엄마 아빠가 두려워하지 않는다면 저도 저의 성장을 두려워할 이유가 없답니다.

## 성장은 팀워크를 통해 이루어져요



제 성장은 진정한 팀워크를 통해 이루어진 거예요. 엄마 아빠의 도움이 없었다면 저는 두려움을 훨씬 크게 느꼈을 거고 지금은 할 줄 아는 '그것들'을 과감하게 시도하지 못했을 거예요.

그래요, 적절한 말이죠. 저는 엄마 아빠의 눈빛, 엄마 아빠가 주는 용기, 제가 앞으로 나아가는 것을 보고자 하는 엄마 아빠의 의지를 통해 새로운 것을 시도할 수 있어요.

어느 날 제가 소아과에 갔을 때의 일이에요. 거기에

제 또래로 보이는 친구가 있었죠. 우리는 겨우 사흘 차이밖에 나지 않을 거라고 장담할 수 있었어요. 그 친구는 엄마 무릎 위에 앉아 있었고 그 아줌마는 친구의 허리를 꼭 안고 있었어요. 하지만 그 꾀쟁이 친구는 마시멜로로 변해서 엄마의 다리 사이를 빠져나갔죠. 손으로 누르면 쏙 들어가는 완전히 말랑말랑한 마시멜로처럼 말이에요.

그 친구는 재주가 아주 좋아서 병원 대기실 바닥에 착륙하는 데 성공했어요. 여러분은 상상도 못할 만큼 그 친구는 영리해보였어요. 저는 그 친구의 행동을 지켜보면서 그 친구와 달리기 시합을 할 생각에 들떠 있었어요.

그런데 그 친구가 겨우 무릎을 굽히고 기어가려고 하자마자 아줌마는 세게 그 친구를 잡았고 다시 자기 무릎 위에 앉힌 다음 빠져나가지 못하도록 허리를 더 꽉 끌어안았어요.

아시겠죠? 이게 바로 제가 여러분에게 말했던 이성과 감정의 싸움이에요. 그 아줌마의 내면에서 이성과 감정의 싸움이 벌어졌고 결국 불안이라는 감정이 내면을 점령하고 말았죠. 그 친구가 성공한 단 한가지는 얌전하게 있으라고 말하는 엄마에 대한 불만의 표시로 칭얼대는 것뿐이었어요.

그런데 가장 최악은요, 그 아줌마가 저를 가리키면서 이렇게 말한 것이었어요.

"저기 좀 봐, 저 애는 얼마나 얌전하니."

정말 진저리 나는 말이에요. 제가 말을 할 줄 알았더라면 저는 그 아줌마에게 이렇게 말했을 거예요.

"저기요, 우리 아기들은 성장할 권리가 있다고요!"

여러분은 8개월 된 아기가 그저 엄마 배에 기대서 얌전히 예약 시간을 기다리는 것이 놀라운 일이라고 생각하시겠죠?



더 놀라운 일도 있어요. 사람들은 우리가 건강한지를 알아보기 위해 우리를 진찰하고 키와 체중을 재요. 우리는 아기들의 성장에 관한 유일한 기준인 키와 몸무게가 보여주는 숫자에 갇혀버리죠.

그런데 우리의 대담함, 내면의 안정감, 자존감, 우리가 받은 사랑을 통해 우리가 간직하게 된 사랑의 크기를 여러분은 어떻게 측정하실 건가요? 우리가 머리를 가눌 수 있는 건 무엇 때문일까요? 우리가 엄마의 한 부분이 아니라는 것을 우리가 이해한 것은요? 우리가 오롯이 우리 것인 몸을 가지고 있는 것은요? 그 몸이 천 개의 조각으로 흩어지지 않을 거라고 우리가 확신하는 것은요? 우리가 앉아 있는 것은요? 우리 다리가 즐거워하는 것은요? 엄마가 다른 방으로 가도 우리가 불안해하지 않는 것은요? 우리가 엄마 아빠와 다른 사람들을 알아볼 수 있는 것은요?

## 우리의 성장을 다른 방식으로 바라보세요



우리의 성장의 원천은 우리 키나 몸무게에 있지 않아요. 저에게는 아주 왜소한 친구들이 있어요. 하지만 그 애들은 아주 놀라울 정도로 스스로 잘 해내고 있답니다.

저는 통통한 편이에요. 네, 엄마 쪽에서 물려받았죠. 엄마도 외할머니도 꽤 통통한 편이거든요. 여러분에게 그 사실을 굳이 숨기고 싶지 않아요. 아빠는 꽤 호리호리한 편이죠.

그래요, 누구도 우리의 머릿속에서 일어나는 일을, 우리의 미래를 위해 우리가 어떻게 그 중요한 단계를 뛰

어넘는지를 측정할 수 없을 거예요.

우리는 우리의 몸에 집중하고 있어요. 아주 잘하고 있어요. 손뼉을 쳐주고 싶어요. 하지만 우리의 성장을 다른 방식으로 바라볼 필요가 있어요. 대담하게 시도하고, 움직이고, 느끼고, 관찰하고, 노는 우리를 봐주세요.

여러분이 정말로 우리 머릿속에서 일어나는 일들을 알고 싶다면, 그리고 그것이 단지 우리 머리둘레를 알아보고자 하는 것이 아니라면 시각을 조금 바꿔야 할 거예요.

저의 소아과 선생님은 참 좋은 분이지만, 선생님은 제 외적인 성장에 더 신경을 쓰고 있는 거 같아요. 선생님이 제가 하는 말을 듣고 싶어 할지는 모르겠지만, 뭐 선생님도 자신을 한번 돌아볼 수 있는 거잖아요.

선생님을 위해 변명하자면 저도 엄마 아빠들이, 특히 엄마들이 의사 선생님에게 검진을 받을 때 단지 우리의 몸에 대해서만 이야기한다는 것을 잘 알고 있어요.

병원 대기실에서 만난 제 친구 이야기를 다시 해볼게요. 그 친구는 자기 근육을 조금 써보고 싶었을 거예요. 걸을 수 있다는 것은 단지 건강한 몸, 근육, 운동 발달의 문제만은 아니에요. 저는 이 책을 읽는 모든 사람이 이 문장을 영원히 기억할 거라고 확신해요.

'내게 걷는 것이 허락되었으므로 나는 걷는다.'

엄마 아빠는 자신들의 두려움을 참으면서 제가 공간에서 자유롭게 놀 수 있도록 자신들의 의지를 저에게 전달해주었으니까요. 엄마 아빠도 저의 세상이 그저 자신들의 품 안이 아니라는 것에 공감하고 있어요.

바로 그게 중요한 거예요. 그러한 도움이 없다면, 밀물처럼 밀려드는 그러한 목소리가 없다면 우리는 몇 달이 되어도 앉아만 있게 될 거예요. 그리고 가끔 20개월이 지날 때까지도 우리 아기들은 그런 목소리가 들려오기를 기다린답니다.

"자, 가보자. 걸을 수 있어. 해봐!"

흔히 이렇게들 말하죠.

"급할 거 없잖아."

만약 부모의 욕구를 초음파로 검진할 수 있다면 아주 흥미로울 것만 같아요.

모든 제 친구들은 걷고 싶어 해요. 모든 아기는 성장하고 싶어 하죠. 하지만 어떤 아기도 부모의 사랑과 관심을 잃고 싶어 하지는 않아요. 그것은 보이지 않는 실로 연결된 팀에 관한 이야기예요. 항상 그 정체가 드러나지 않는 감정들 말이에요.

제 경우를 예로 들어 볼게요. 엄마는 제가 스스로 많은 것을 하는 동안 마음을 놓지 못해요. 저는 그것을 잘 알고 있어요. 그렇지만 제가 엄마에게 고마워하는 점은 자신의 불안을 속으로 삼키면서 제가 발전하기 바라는 마음만을 제게 전달해주었다는 거예요.

엄마는 저에게 오로지 용기를 줄 수 있는 좋은 영향만을 남겨놓기 위해 자신의 감정을 아주 훌륭하게 컨트롤했어요. 이걸 정확하게 말하면, 전달이라고 하면 될 거 같아요. 엄마의 바람을 저에게 전달한다는 건데….

네, 사실 조금 심리학자 같은 말이긴 하지만 모든 탓을 그들에게 돌리면 안 되죠. 그들이 항상 틀린 말을 하는 건 아니니까요. 엄마는 가끔 큰 소리로 육아에 관한 글들을 읽어요. 들어보니 도움이 될 만한 내용도 꽤 있더군요.

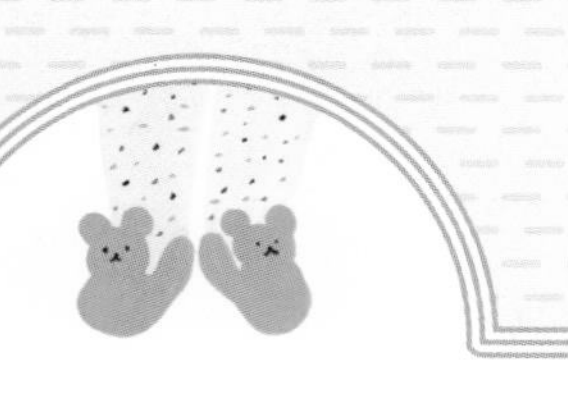

제 성장은

진정한 팀워크를 통해

이루어진 거예요.

엄마 아빠의 도움이 없었다면

저는 두려움을

훨씬 크게 느꼈을 거고

지금은 할 줄 아는 '그것들'을

과감하게 시도하지

못했을 거예요.

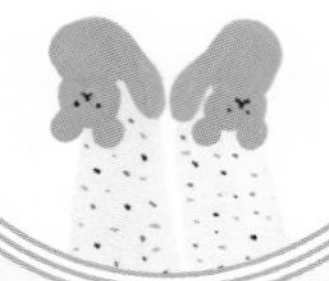

# 일곱 번째 이야기

우린
괜찮아요,
가족
이니
까요!

함께
행복을
쌓아가고
있어요

## 자신감을 가지고 편안해지세요



생후 첫해의 성장 과정에 대해 여러분에게 또 무엇을 말해드리면 좋을까요? 아 그래요, 이미 살짝 스쳐 지나간 우리의 울음에 대한 몇 가지 비밀스러운 이야기들을 더 깊이 해보면 좋겠네요.

우리 아기들은 고래고래 소리를 지른다고 자주 혼나곤 하죠. 이 문제에 대해서 저는 변명하고 싶지 않아요. 제가 이렇게 말한다면 여러분은 저를 분명 애매모호한 사람이라고 평가하겠지만, 우리가 소리 지르는 사람들인 것은 맞기도 하고 틀리기도 해요.

맞아요, 우리는 무언가 필요할 때 울어요. 예를 들어 배가 고플 때 울죠. 제가 갓 태어났을 때 말했던 것처럼 우리는 배가 고프면 우리 몸이 천 개의 조각으로 흩어지는 것 같은 기분이 들어서 무섭거든요. 그럴 때 우리는 울음을 터뜨려서 자고 있는 온 동네 사람들을 깨울 수도 있어요. 우리는 목소리를 잘 조절할 줄 모르니까요.

우리가 우리 몸에 목소리를 갖게 된 건 정말 새로운 일이거든요. 우리가 물로 가득 찬 자궁 안에 있을 때는 우리의 목소리를 들려줄 기회가 없었잖아요. 그러니 이렇게 하지 않고 우리가 어떻게 우리의 불편함을 알릴 수 있을까요?

물론 처음부터 불편함을 알리려는 목적으로 그랬던 건 아니에요. 그건 단지 우리 아기들이 삶을 경험해나가는 과정일 뿐이죠.

우리의 울음을 이렇게 파악할 수 있을 거예요. 어떤 사람은 소리를 지른다고 하고, 어떤 사람은 더 편안히 있고 싶어 하는 거라고 하고, 어떤 사람은 액체로 된 척추라고도 하고 또 어떤 사람은 온전히 존재하는 느낌, 만족감이라고도 하고 때로는 더 나아가 안정감이라고 말하기도 해요.

이 안정감이라는 것은 결국 우리가 될 수 있는 한 가장 자주 느끼고 싶어 하는 굉장히 기분 좋은 내면의 평화예요. 그 울음이 잘못된 것이 아니라고까지 말할 수 있을 거예요.

또 우리가 표출하는 내면의 긴장, 불편한 느낌에서 비롯되는 울음도 있어요. 엄마 아빠가 우리에게 다가와 우리를 그 불편함에서 꺼내줄 수 있도록요.

시간이 지나면서 우리는 이러한 표현 방식을 그저 하나의 의사소통으로 사용해요. 전달하고 싶은 무언가가 늘 있는 것은 아니니까요. 말하기 좋아하는 사람들은 아무 의미도 없는 말을 하기도 하잖아요. 그건 더구나 조금 짜증 나는 일이기도 하죠. 그런 사람들은 딱히 할 말이 없어도 말을 하니까요.

네, 우리도 마찬가지예요. 우리의 울음소리를 듣는 것, 심지어 특별히 원하는 것도 없는데 우리의 말을 듣게 하려고 소리를 지르는 것을 듣는 것이 조금은 짜증스러울 거예요.

어떤 부모들은 아기의 울음소리가 들릴 때마다 황급

히 아기에게 달려가고, 어떤 부모들은 아기가 스스로 울음을 그치고 진정하기를 기다려요. 그런데 이러한 반응은 부모들의 생각에 크게 연결되어 있어요.

우리가 끊임없이 최악의 상황만을 생각한다면 우리 머릿속에는 오직 한가지 생각만이 남게 되죠. 그래서 모든 것이 괜찮은지 확인하기 위해 아기의 방으로 달려가는 거예요.

게다가 저는 아기가 울지 않을 때도 아기에게 달려가는 부모들이 있다는 것을 알고 있어요. 그들은 신생아의 돌연사를 떠올리고 두려워하는 거예요. 그건 실제로 일어나는 정말 끔찍한 일이니까요.

바로 그런 이유 때문에 부모들은 아기들이 성장하는 것을 도와주는 데 있어 늘 긴장하고 있어야 하죠. 부모들이 걱정하는 것은 실제로 일어날 수 있는 일들이지만 그래도 그 두려움에 맞설 수 있어야 해요. 저는 그런 엄마 아빠에게 이 말을 전해주고 싶답니다.

"자신감을 가지고, 편안해지세요."

## 엄마 아빠도 성장하고 있어요



이제 여러분은 우리가 약하기는 해도 허술하지는 않다는 걸 아실 거예요. 우리는 오히려 단단하게 형성되어 있답니다. 우리가 가진 단 하나의 어려움은 바로 우리의 의존성, 혼자서는 무언가를 할 수 없다는 것이죠.

하지만 그와 동시에 이러한 의존성을 지나 우리는 독립성을 지니게 될 거예요. 작은 인간인 우리의 이 모든 복잡성은 모순의 중심에 놓여 있어요. 우리 아기들은 부모들이 우리를 돌봐주기를 바라는 동시에 부모의 도움 없이도 살 수 있게 되기를 바라요.

맞아요, 부모님의 도움 없이도 살 수 있는 날이 오려면 여러 해가 지나야 할 거고 부모님들도 생각할 시간이 필요할 거예요. 그래도 어쨌거나 우리는 독립적이 되어야만 해요. 도전해볼 만하죠! 우리는 독립적으로 살기 위해 의존하고 있는 거예요.

제가 처음 머리를 가누었을 때, 저는 제 스스로가 자랑스러웠던 동시에 이제 더 이상 엄마의 살 속에 파묻히는 그 자세를 할 수 없다는 것 때문에 마음이 아팠어요. 저는 정말로 그렇게 안겨 있는 걸 좋아하거든요. 여러분이 상상하지 못할 만큼이요.

엄마도 저와 똑같은 생각을 하고 있어요. 제가 성장하면 엄마는 저를 무척 자랑스러워하는 동시에 불안해한다는 것을 엄마의 살 냄새를 맡고 알았어요. 엄마는 그 얘기를 누구에게도 하지 않았고 앞으로도 절대 하지 않겠지만요.

엄마의 이런 마음을 누가 이해할 수 있을까요? 바로 제가 이해할 수 있어요. 우리 둘은 똑같이 느끼니까요.

우리는 원하면서도 원하지 않아요. 그게 우리 둘만의 소소한 비밀이죠. 저는 이제 10개월이 다 되어 가는

데도 여전히 똑같이 느끼고 있어요.

제가 무언가 새로운 것을 할 때마다 제 몸은 따끔거려요. 성장을 하려면 계속해서 무언가를 포기해야 한다는 것을 잘 알아요. 참 골치 아픈 일이죠!

그런데 엄마 아빠도 똑같은 아픔을 느낄 거예요. 엄마 아빠도 성장하고 있으니까요.

네, 엄마 아빠도 성장을 한답니다! 앞으로 계속될 이 모든 새로운 과정을 우리가 함께 할 수 있어서 얼마나 다행인지 몰라요. 우린 서로를 도우며 서로에게 위로가 되겠죠. 무언가를 함께하는 기쁨, 그게 바로 훌륭한 동기 부여가 되죠.

## “엄마가 여기 있네!”



여러분은 제가 며칠 동안 빵 조각을 던지면서 놀았던 이야기를 기억하시겠죠. 저는 그 놀이를 하면서 무언가를 이해할 수 있었어요. 엄마가 제게서 멀리 떨어져 있어도 여전히 똑같은 엄마라는 것을요.

엄마가 제게서 멀리 떨어져 있으면 저는 엄마의 몸, 냄새, 품 등 엄마에 관한 모든 것을 그리워해요. 그렇다고 제가 엄마를 잃어버리는 건 아니죠. 엄마는 사라지지 않을 거니까요. 빵 조각을 던지는 놀이를 하기 전까지는 그걸 확신하지 못했어요.

그리고 이제 저는 또 다른 놀이를 하고 있답니다. 이번에는 엄마가 먼저 시작했어요. 엄마는 자기 손으로 얼굴을 가렸고 저는 엄마의 얼굴을 조금도 볼 수 없었어요.

여러분은 짐작도 못할 만큼 저는 깜짝 놀랐답니다. 엄마의 얼굴이 보이지 않아서 저는 울음을 터뜨렸어요. 너무나 슬펐거든요. 엄마는 그런 상황을 전혀 예상하지 못했죠. 엄마는 제 안에서 일어나는 감정을 미처 생각하지 못한 거예요.

엄마는 그냥 재밌게 해주려고 그런 거라고 말하면서 곧바로 저를 품에 안아주었어요. 엄마는 저를 오랫동안 품에 안아주었고 저는 안정을 찾았답니다.



그리고 나서 엄마는 저를 품에 안은 채로 한 손으로만 얼굴을 가리고 말했어요.

"엄마 숨었네!"

그리고 갑자기 얼굴에서 손을 떼고 제 쪽으로 얼굴을 내밀면서 말했어요.

"엄마가 여기 있네!"

엄마는 몇 번을 반복했어요.

어쩔 때는 엄마의 얼굴 전체가 보였고, 어쩔 때는 엄마의 작은 부분만 보였어요. 저는 조금씩 적응해갔고 나중에는 엄마의 어떤 한 부분만이 보이는 게 무척 재미있게 느껴졌어요.

제가 울었던 건 엄마를 잃어버렸다고 생각했기 때문이었어요. 정말이지 저는 그런 생각 때문에 종종 골탕을 먹곤 한답니다. 엄마가 영원히 사라지지 않을 거라는 사실을 끊임없이 확인해야 할 것 같았거든요.

무슨 일이 있어도 엄마가 사라지지 않을 거라고 확신하는 것, 그것이야말로 성장하는 것이죠. 이제 엄마의 어느 한 부분만이 보인다고 해도 저는 마음속에 엄마의 모습을 간직하고 있답니다.

## 저는 언제나 엄마를 볼 수 있어요



우리는 손으로 얼굴을 가렸다가 떼는 놀이를 계속했고 엄마가 두 손으로 얼굴을 다 가려도 저는 울음보를 터뜨리지 않게 되었어요. 엄마가 손을 떼면 저는 언제나 예전처럼 엄마를 다시 볼 수 있었으니까요.

그것은 엄마가 변하지 않았다는, 그리고 제가 엄마를 잃어버리지 않았다는 표시였죠. 저에게 엄마가 보이지 않았던 순간은 제가 결국 그 놀이를 좋아하게 됐을 만큼 아주 짧았어요.

맞아요, 그게 하나의 놀이가 된 거죠. 저는 그 놀이를 하면서 엄마를 보는 게 너무 재밌었어요. 특히 엄마가 얼굴에서 손을 뗐을 때요.

저는 엄마가 얼굴을 가렸을 때도 엄마를 볼 수 있었어요. 저는 엄마의 모습을 제 마음속에 항상 간직하고 있으니까요. 그 놀이를 할 때 엄마는 제 시야에서만 사라질 뿐 제 마음속에서는 사라지지 않아요.

그리고 저도 엄마에게 도전장을 내밀고 제 얼굴을 손으로 가리기 시작했어요. 처음에는 손가락을 조금 벌리고 얼굴을 가렸죠. 엄마의 조그마한 부분이라도 보면서 엄마가 거기 있다는 것을 확인하고 싶었거든요.

하지만 어느 날 저는 다섯 손가락을 모두 붙이고 얼굴을 가렸어요. 아무것도 보이지 않았죠. 대신 저는 제 손바닥 뒤에서 엄마의 목소리를 들었고, 엄마를 느꼈고, 엄마를 상상했어요.

제 시야에서 엄마는 사라졌지만 저는 그렇게 노는 게 참 재밌었어요. 제가 얼굴에서 손을 떼면 엄마는 크게 웃으면서 이렇게 소리쳤거든요.

"엄마가 여기 있네!"

심지어 엄마는 전화로 엄마의 엄마인 외할머니에게

이 놀이에 대해 이야기했어요. 엄마는 저에 대한 모든 것을 외할머니에게 전해요.

엄마에게 비밀 따윈 없다니까요. 제가 무언가 새로운 것을 하면 그건 아주 중요한 사건이 되어버리니 말이에요.

저는 이 단순한 놀이에 그만한 가치가 있었다는 걸 인정할 수밖에 없어요. 그 놀이 이후 저는 제 방에서 혼자 놀 수 있게 되었고 엄마가 제 눈앞에 없는 것을 받아들이게 되었거든요.



엄마는 늘 거기에 있다는 것을 저는 이제 알아요. 저는 엄마를 듣고 느끼죠. 그건 엄마가 저와 같은 공간에 있지 않더라도 엄마의 동작이 눈에 보이는 것과 같다고 할 수 있어요. 저에게는 엄마가 존재한다는 확신이 생겼답니다.

저는 정말로 평온한 느낌이에요. 제가 잘난 척을 하려고 이런 말을 하는 건 아니에요. 저는 그저 제가 엄마를 제 마음속 깊이 느끼고 있다는 걸 말하고 싶은 거랍니다. 엄마는 거기에 계속 있을 거예요. 그건 정말 굉장한 행복이에요.

결국 그런 것이 행복이라고 정의할 수 있는 것 중 하나가 아닐까요? 저는 조금 전에 제 행복한 하루에 대해 이야기했어요. 그러니까 "엄마가 여기 있네" 같은 존재와 부재 놀이의 단순함을 통해 얻은 그 평온함에 대해서 말이죠.

그건 정말 멋진 거예요. 저는 행복하답니다! 저는 엄마가 제 코앞에 있지 않아도 다 큰 어른처럼 자유롭게 놀 수 있어요.

어느 날 제 사촌이 놀러왔을 때 엄마도 저도 놀라고 말았어요. 그 애는 15개월이나 됐으면서 엄마 치맛자락에 꼭 붙어서 떨어질 줄 몰랐거든요.

그 애는 저보다 4개월이나 일찍 태어났는데도 자기 엄마가 단 1초라도 방에서 나가는 것을 받아들이지 못했어요.

그러고 어떻게 살겠어요. 게다가 저는 그 애의 엄마인 고모가 우리 엄마에게 하는 얘기를 들었어요. 가끔은 공원에 아이를 두고오고 싶을 정도로 못 견디겠다 싶은 날들이 있다고요.

어휴, 너무 무서운 얘기죠! 그런 생각을 하다니, 정말 말도 안 돼요. 하지만 저는 고모가 절대로 그런 일을 하지 않을 거라고 생각해요. 이따금 엄마들은 엉뚱한 생각을 하기도 하니까요.

## 벌써 12개월이 되었어요



어제 저는 저의 한 살 생일파티를 했답니다. 벌써 12개월이나 되었네요! 모든 사람이 무척 감동했어요. 엄마, 아빠, 아빠의 엄마 아빠, 엄마의 엄마 아빠, 모두가요. 또 모든 걸 두려워하는 제 사촌과 삼촌과 고모도 있었고요.

그 파티는 오로지 저만을 위한 것이었어요. 처음에 저는 조금 놀랐고 마음을 푹 놓지도 못했어요. 엄마 아빠는 저를 품에 안았고 저는 엄마 아빠가 저를 얼마나 자랑스러워하는지 느낄 수 있었죠.

그날 저는 평소 이상의 실력을 발휘해 처음으로 걸

음마를 했어요. 어찌나 멋졌던지 달 위에 최초로 발자국을 찍은 사람이라 해도 제 근처에도 못 올걸요!

여러분에게 다 표현하지 못할 정도로 가족들이 행복해했어요. 그중에서 엄마 아빠가 단연 일등이었죠. 저는 겨우 세 걸음밖에 떼지 못했고 이내 풀썩 주저앉았어요. 그리고 다시 걷지 않았어요. 저를 에워싸고 주변에서 가족들이 내는 함성 소리가 정말 무서웠거든요.

하지만 세 걸음만으로도 충분했고 엄마는 제가 걸었다는 걸 육아 일기에 쓰려고 달려갔어요. 지금은 세 걸음뿐이지만, 세 걸음을 걸었다면 다섯 걸음, 열 걸음도 문제없을 테니까요.



맞아요, 엄마는 육아 일기에 저의 성장을 기록해요. 그건 제가 여러분에게 이미 말했던 건강 수첩과는 달라요. 아기의 신체 치수, 운동 발달 상황, 예방 접종일, 크고 작은 질병들, 의료 기록 같은 것들이 적혀 있는 건강 수첩 말이에요.

저는 앞에서 여러분에게 좀 더 개인적인 저의 성장에 관한 무언가가 없어서 섭섭하다고 말했을 거예요. 제가 삶을 대하는 방식, 제 머릿속에서 제가 성장하는 방식, 제가 그저 아기로 있는 것을 거부하고 한 명의 어른이 되는 것을 받아들이기 위해 스스로를 단련시키는 방식과 같이 제가 조금 전에 여러분에게 이야기한 모든 것에 관한 무언가 말이에요.

저는 그 점이 아쉬워요. 저는 그냥 살이 찌고 키가 크는 단순한 육체가 아니기 때문이죠. 게다가 그건 제 성장에서 가장 눈에 쉽게 보이는 부분이잖아요.

저는 기운을 내려고 우유병을 빠는 것보다는 제 몸을 확실하게 느끼고, 혼자서 무언가를 해보려고 궁리하고, 엄마 아빠가 곁에 없는 것을 견디려고 엄마 아빠의 모습을 제 마음속에 간직하는 데 더 많은 에너지를 쏟아부었어요.

하지만 이런 성장의 차이에 대해서는 어떠한 기록도 하지 않죠. 육체적인 성장을 위해서는 사람들의 도움을 받아야 하고 또 다른 성장을 위해서는 저 혼자서 온전히 해낼 수 있어야 해요.

저는 제 건강 상태가 좋다고 생각해요. 제 성장 곡선이 무척 양호하기 때문이기도 하고 제 스스로 제가 많이 성장했다고 느끼기 때문이기도 해요. 저는 저의 두려움을 조절할 수 있고, 기다리는 법을 깨우쳤고, 혼자서도 평온하게 있을 수 있어요. 그 모든 것은 그냥 지나칠 만한 일이 아니죠.

엄마 아빠가 저를 무척 자랑스러워한다면, 그건 제 신체 치수 때문이라기보다 제가 엄마 아빠에게 보여준 모든 것 때문이라는 것을 저는 잘 알고 있어요.

저의 행복은 엄마 아빠의 큰 기쁨이 되고 그 행복은 혼자서 오지 않아요. 그런 행복은 쌓여가는 거예요. 정확히 말하면 우리는 함께 행복을 쌓아가고 있어요. 그건 우리가 서로를 이해하고자 하는 마음이에요.

그러기 위해서는 노력과 인내심, 그리고 과감함이 필요해요. 우리는 우리의 행복을 위해 노력하고 있다고 말할 수 있을 거예요. 다르게 표현하면 우리는 우리의 행복이라는 밭을 일구고 있다고도 말할 수도 있겠죠.

그래요, 저는 행복이라는 밭을 일군다는 표현이 더

좋네요. 이 말에는 수확을 하기 위해서 먼저 씨를 뿌려야 한다는 의미가 들어있으니까요. 행복을 만들어가고 있는 이 시기에 참 적절한 표현이 아닐 수 없네요.

이 표현이 행복에 필요한 노력을 잘 설명해주고 있으니까요. 그 과정의 복잡함과 힘든 부분까지도요. 두려움을 거부하거나 숨기려고 하기보다 그것을 통과하고 극복하고 경험하는 것 말이에요.

저는 엄마가 저를 따로 재우기로 마음먹는 데 얼마나 큰 용기를 냈는지, 제가 울 때 저를 품에 안아주는 것을 유일한 해결책으로 삼지 않으려고 얼마나 자제를 했는지 잘 알고 있어요.



그리고 행복은 작은 길로 온다는 것을 받아들이는 것이 중요해요. 각자가 자기만의 속도로 행복을 쌓아갈 수 있었으면 좋겠어요. 자기 자신으로 존재하는 행복은 자신의 가장 깊숙한 곳에 있다가 기쁨, 열정, 새로움에 대한 욕구의 순간에, 그리고 포기와 실망의 순간에 그 모습을 드러낸답니다.

저는 행복한 아기지만 엄마 아빠가 우리 가족의 삶의 속도에 제동을 걸었을 때, 저는 두 손을 들어 찬성했어요. 사실 제가 태어난 지 얼마 되지 않았을 때, 엄마 아빠는 제게 자극을 줄수록 자신들이 원하는 아기가 될 거라고, 제가 행복하게 삶에 도전할 수 있을 거라고 생각했어요.

저도 그런 생각에는 공감했지만 문제는 엄마 아빠가 그와 더불어 저에게 이런 생각들을 보여주는 것에는 소홀했다는 것이에요.

새로운 많은 것을 향해 가려고 하는 저의 욕구는 엄마 아빠와 함께 우리끼리 있는 집안에서 형성될 수 있었다는 것, 엄마 아빠는 제 삶의 첫 번째 안내자이고 엄마 아빠가 없을 때는 어린이집 선생님 역시 저를 위해 여러 일들을 아주 훌륭하게 해주고 있다는 것, 저는 그 모든 것의 도움을 받았고 엄마 아빠는 그것에 죄책감을 느껴서는 안 된다는 것을요.

지금 엄마 아빠는 잠시 멈춰서 있어요. 그럴 때도 된 것 같아요. 엄마 아빠는 지쳐 있거든요.

엄마 아빠는 이제 서로 더 많은 말을 나누고 터놓고 이야기해요. 조금 소홀히 했던 할머니와 할아버지를 보러 가기도 하고요.

또 친구들과 저녁 식사를 하며 부모가 된 경험에 대해 시간 가는 줄 모르고 수다를 떨기도 하고요.

저는 그게 참 좋아요. 엄마 아빠가 다시 엄마 아빠의 삶에 중심을 잡았다고 할 수 있겠죠. 엄마 아빠는 헛된 기대를 조금 덜어내고 자신들이 좋아하는 것을 해나가고 있어요.

그리고 사실 그러는 게 당연한 거예요. 저는 엄마 아빠가 외출하는 것을 좋아하지 않지만, 엄마 아빠가 다시 집으로 돌아오면 너무너무 좋아요.

엄마 아빠가 까치발을 들고 제 방으로 와주거든요. 그럴 때 엄마 아빠를 보면 마치 잃어버렸던 저를 되찾기라도 한 것 같은 기분이라니까요.

엄마 아빠는 저를 오랫동안 흐뭇하게 바라보죠. 저는 저를 안아주기 위해 제 쪽으로 몸을 구부린 엄마 아빠의 감동에 젖은 몸을 느껴요. 그건 정말 몸서리치게 좋아요!

그러니까 엄마 아빠는 외출해야 해요. 엄마 아빠가 돌아왔을 때 느끼는 그 황홀함을 제가 맛볼 수 있도록요. 엄마 아빠가 본인들의 생활을 저 때문에 억지로 바꾸지 않으면 좋겠어요.

그래요, 이게 바로 제가 엄마 아빠에게 해주고 싶은 말이랍니다. 엄마 아빠는 있는 그대로의 모습으로 있어야만 해요. 의심할 때에도, 잘 모를 때에도, 저를 달래고 싶은 마음을 참을 때 조차도요.

저는 다 괜찮아요. 엄마 아빠는 저에게 둘도 없이 소중하고 우리가 만난 일 년 전부터 저는 큰 소리로 이렇게 외치고 싶었어요.

"엄마 아빠 사랑해요!"

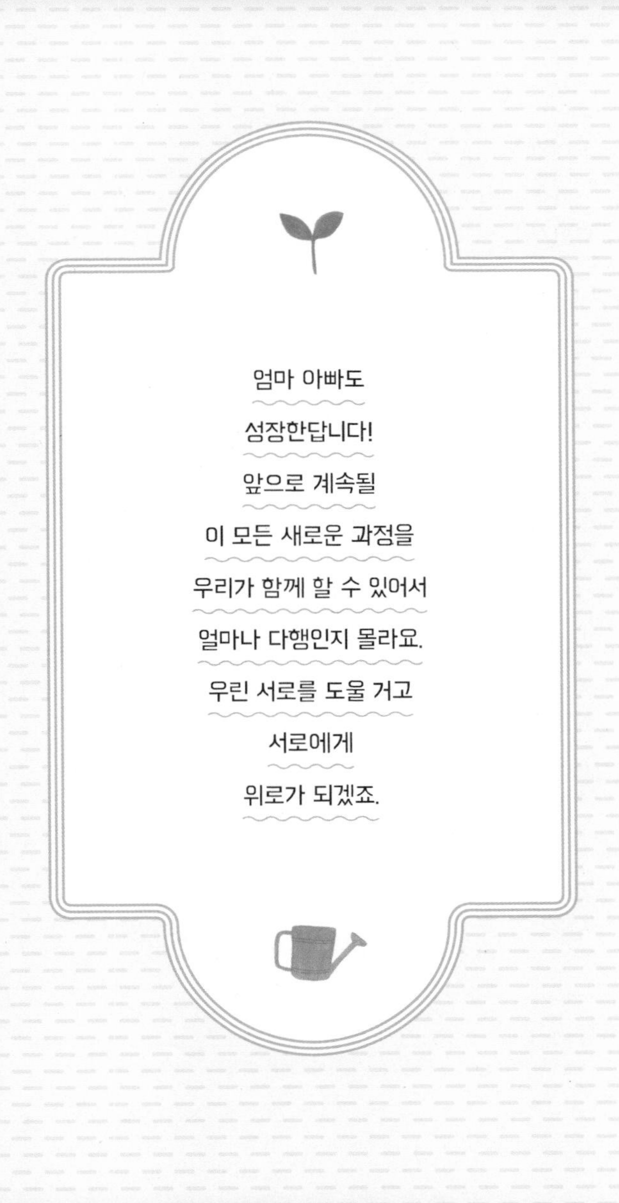
엄마 아빠도
성장한답니다!
앞으로 계속될
이 모든 새로운 과정을
우리가 함께 할 수 있어서
얼마나 다행인지 몰라요.
우린 서로를 도울 거고
서로에게
위로가 되겠죠.

옮긴이

## 박효은

이화여자대학교 통역번역대학원에서 한불번역학으로 석사학위를 받았으며 다수의 해외 프로젝트에 참여하여 프랑스어 통번역사로 활동하였다. 현재는 출판번역 에이전시 베네트랜스에서 전문 번역가로 활동하고 있다. 옮긴 책으로는《거대한 후퇴》,《행복한 사람들은 무엇이 다른가》,《별》(공역),《어린왕자》,《좁은문》(출간 예정) 등이 있다.

초판 1쇄 인쇄 2019년 1월 18일
초판 1쇄 발행 2019년 1월 25일

지은이 소피 마리노풀로스
옮긴이 박효은
발행인 이원주

임프린트 대표 김경섭
책임편집 송현경
기획편집 정은미 · 권지숙 · 정상미 · 정인경
디자인 정정은 · 김덕오
마케팅 윤주환 · 어윤지 · 이강희
제작 정웅래 · 김영훈

발행처 지식너머
출판등록 제2013-000128호
주소 서울특별시 서초구 사임당로 82 (우편번호 06641)
전화 편집 (02) 3487-1141, 영업 (02) 3471-8044

ISBN 978-89-527-9546-5 03590